U0180219

新时代·新文科×新工科·数字经济高质量人才培养系列（数字产业化）

数据故事化
从数据感知到数据认知

◆ 朝乐门　编著

電子工業出版社
Publishing House of Electronics Industry
北京·BEIJING

内 容 简 介

本书是系统讲述数据故事化的理论与实践的教材，特别注重相关理论的继承和创新，不仅吸收全球一流大学及国外相关领域的标志性成果及最新进展，还充分体现了我国传统文化及人才培养的需要及未来社会的人才需求，系统讲解数据故事化的理论、方法、技术、工具与代表性实践。全书分为三篇：基础篇主要讲解数据故事与文学故事的联系及区别，以及数据故事的定义、特征、认知和应用；理论篇主要分析数据故事化的核心理论、数据故事化的理论基础及数据故事化的方法与技术；实战篇主要讲解 Tableau 的数据故事化功能和基于 Tableau 的数据故事化实践。

本书既可以满足数据科学与大数据技术、大数据管理与应用、计算机科学与技术、管理工程、工商管理、数据统计、数据分析、信息管理与信息系统、商业分析、数据新闻、数字人文等专业的教学需求，还可以满足数据科学领域紧缺人才培养和职业能力提升的需求。

图书在版编目（CIP）数据

数据故事化：从数据感知到数据认知 / 朝乐门编著. —北京：电子工业出版社，2022.9

ISBN 978-7-121-44614-6

Ⅰ . ① 数…　Ⅱ . ① 朝…　Ⅲ. ① 数据管理—高等学校—教材　Ⅳ. ① TP274

中国版本图书馆 CIP 数据核字（2022）第 231545 号

责任编辑：郝志恒　章海涛

印　　刷：北京捷迅佳彩印刷有限公司

装　　订：北京捷迅佳彩印刷有限公司

出版发行：电子工业出版社

　　　　　北京市海淀区万寿路 173 信箱　　邮编：100036

开　　本：787×1092　1/16　　　印张：18.5　　　字数：440 千字

版　　次：2022 年 9 月第 1 版

印　　次：2023 年 9 月第 3 次印刷

定　　价：98.00 元

凡所购买电子工业出版社图书有缺损问题，请向购买书店调换。若书店售缺，请与本社发行部联系，联系及邮购电话：(010) 88254888，88258888。

质量投诉请发邮件至 zlts@phei.com.cn，盗版侵权举报请发邮件至 dbqq@phei.com.cn。

本书咨询联系方式：192910558（QQ 群）。

前 言

DS

故事是古老的文学与艺术体裁，数据故事则是近年才兴起的理论与应用。个性化推荐、自动驾驶、智能医疗等自动决策类应用的普及使得如何在不泄露预测模型的技术细节和背后商业秘密的前提下，采用数据故事化方法，向大众解释自动决策结果，成为亟待研究的新课题。从主体的数据接受模式看，感知是认知的前提，认知是感知的延续。数据可视化和数据故事化分别解决的是数据感知和数据认知的问题。数据可视化具有易于理解、易于感知和易于洞见的特点，而数据故事化具备易于记忆、易于认知和易于体验的特点。因此，数据故事化开始广泛应用于为大众展示自动决策结果的场景，进而提升对自动决策结果的信任。

本书是创新性系统讲述数据故事化的理论与实践的教材。本书特别注重数据故事化相关理论的继承和创新，不仅吸收了全球一流大学及国外相关领域的标志性成果和最新进展，还充分体现了数据科学领域专业人才培养与中华优秀传统文化相结合的战略需求，以及高等教育高质量发展与数据科学领域紧缺人才培养相结合的协同需求。自 2019 年作者和张晨博士合作发表国内首篇以"数据故事化"为标题的学术论文后，数据故事化研究团队开始组建，并在数据故事化的理论研究、工具开发和实践应用方面进行了诸多探索。我们自 2021 年开始在中国人民大学开设新课程"数据故事化技术前沿"，在课程教学实践的基础上，结合教学反馈，着手打磨书稿，最终形成了定稿。本书纳入了作者及团队在数据故事化方面的研究成果，在兼顾理论指导性、实践操作性和良好的阅读体验方面做了诸多努力。

本书出版得到了电子工业出版社各位编辑、中国人民大学信息资源管理学院各位领导的指导和支持。本书是国家自然科学基金项目"预测性分析结果的数据故事化描述方法及关键技术"（项目批准号：72074214）的成果之一；中国人民大学博士生张晨参与了第 7 章部分内容的起草和第 6 章的重新截图工作；博士生孙智中、靳庆文和王锐参与了部分图表或案例的翻译工作；中国人民大学访问学者孟刚老师和博士/硕士研究生肖纪文、靳庆文、张晨、王锐参与了全书的文字校对和课件制作工作；在此一并表示感谢。

本书在编写过程中参考和引用了大量国内外文献资料，虽尽可能地标注了出处，但难免有遗漏，因此也向有关作者表示衷心的感谢。由于水平有限，撰写时间较为仓促，疏漏、不足乃至错误之处在所难免，敬请各位专家批评指正。

读者反馈：192910558（QQ 群）。

朝乐门
于中国人民大学

目　录

DS

第二篇　理论篇

第三篇　实战篇

第一篇

基础篇

第 1 章 故 事

DS

自有人类以来，就有了故事。每个地区、阶级和群体都有自己的故事，而且故事具备跨国家和文化的传播能力。

Narrative starts with the very history of mankind; there is not, there has never been anywhere, any people without narrative; all classes, all human groups, have their stories, and very often those stories are enjoyed by men of different and even opposite cultural backgrounds。

——Roland Barthes（著名文学家）

讲故事是当今世界传播思想的最有力的方式。

Storytelling is the most powerful way to put ideas into the world today.

——Robert McAfee（故事研究领域的代表人物，著名畅销书《Story: Style, Structure, Substance, and the Principles of Screenwriting》的作者）

故事性是数据故事的主要属性之一，理解"故事"有关的基本知识是掌握本书后续章节中的"数据故事"的必要前提。为此，本章重点讲解以下内容：故事的定义与特征，故事的发展史，故事的组成要素，故事的情节及其代表性模式，故事的叙述过程、方法及原则，故事的生成方法。

1.1 故事的定义和特征

1.1.1 故事的定义

根据中国大百科全书第三版（2020）的定义，"故事"一词有多种含义：

（1）一般意义上的"故事"，泛指内容的叙事性，可以看作对叙事性文学作品的一种特征归纳。故事可能是虚构的，也可能是真实发生的事件，可能是口头传播的，也可能是书面写就的。童话、神话、寓言、笑话、民间传说、史诗、历史典故、神怪传奇、现实生活经历、文学体裁中的小说等，都可归为故事。

（2）"故事"特指一种文学体裁，可归为"小说"大类。但与严肃文学、经典文学中的正统小说不同，故事并不以塑造丰满真实的人物形象、发挥语言形式技巧和营构模糊的、探索性的多重意味为重心，而是更强调语言的通俗易懂和情节的曲折动人。薄伽丘《十日谈》中人物讲述的故事，以及《故事会》《故事集》《故事选》中的故事，都体现了故事作为一种文学体裁的特殊性。

故事叙述是人类与生俱来的基本能力，每个民族，虽然语言文字、地理位置、社会关系、经济发展水平、文化传统、宗教信仰等方面可能不同，但是都有自己的故事。图1-1给出了不同语言中对"故事"的表述方法。

表1-1给出了各类工具字典中对故事的主要定义方法。

本书的主要目的是探讨数据故事化的理论与实践，旨在提出数据故事化的自动化实现技术，因此，本书将故事定义为：

> 故事是以说服、记录和娱乐他人为主要目的，以情节和人物的叙述为主要内容，以冲突为抓手，以叙事和细节描写为手段，为目标受众提供的一种叙事性信息产品。故事强调的是信息产品的言简意赅、情节曲折、冲突单一、细节生动和易懂易记等特点，进而达到提高信息产品的可记忆和可认知的目的。

图 1-1 不同语言中的"故事"

表 1-1 故事（Story）的定义或解释

文 献	定义或解释
《辞海》（第 7 版）	① 旧事 ② 文学体裁的一种，侧重于事件过程的描述，强调情节的生动性和连贯性 ③ 叙事性文学作品中不可或缺的要素，是按时间顺序排列的事件的叙述，故事与重在叙述事件因果关系的情节有所不同，但多是情节的基础
《中国大百科全书》（第 2 版）	① 民间韵体文学的一种体裁 ② 叙事性文学作品中一系列有因果关系的生活事件
《新华词典》（第 4 版）	① 真实的或虚构的用做讲述对象的事情 ② 旧日的行事制度
《现代汉语词典》（第 7 版）	① 旧日的制度；例行的事 ② 历史 ③ 掌故，典故 ④ 旧事，先例 ⑤ 用作讲述的事情，凡有情节、有头有尾的皆称故事 ⑥ 文艺作品中用来体现主题的情节，故事梗概
《中国文体学辞典》 （出版年：1988）	一种接近于小说、可供阅读又适合口头讲述的文学体裁 　　首先，故事主要是讲给人听的，而小说是供人阅读的。为了吸引听众，故事往往大量采用悬念和"关子"，注意烘托气氛，强调情节的曲折完整，引人入胜，因此故事的语言要求口语化，生动明快，力求让听众听懂；而小说相对来说可以写得舒缓自由一些，形式上比较丰富多样，语言上可因作者的风格和题材的不同而生出多种变化。 　　故事与小说的另一个重要区别是：故事以展开情节为主，而小说则以刻画人物性格为重

文　献	定义或解释
《中国百科大辞典》 （出版年：2010）	① 文学体裁的一种。一般侧重于描述事件。讲究情节的生动性 ② 指叙事性文学作品中一系列为表现人物性格的有因果联系的生活事件
《简明文学知识辞典》（第1版） （出版年：1985）	叙事性文学作品中一系列有因果关系的生活事件。由于它循序发展，环环相扣，构成有吸引力的情节，所以又称为故事情节。 故事情节是为表现人物性格、揭示主题思想服务的。现实生活中人与人、人与环境的交错关系及其矛盾发展的过程，是文学作品中故事的客观基础，脱离生活编造故事的做法，必然损害作品的真实性和艺术性。
《古汉语常用词词典》 （出版年：2006）	① 旧事，旧业 ② 旧日的典章制度 ③ 先例，旧例
《现代汉语大词典》（下册） （出版年：2000）	① 叙事性文学作品中一系列为表现人物性格和展示主题服务的有因果联系的生活事件 ② 文学体裁的一种。侧重于事件过程的描述，强调情节的生动性和连贯性，较适于口头讲述 ③ 方言。笑话；丑闻
《现代汉语多音字多音词辨析词典》 （出版年：2016）	gùshì　名　旧日的行事制度，成例 gùshi　名　① 真实的或虚构的用做讲述对象的事情，情节富有生动性和连贯性，能感染人；② 文艺作品中用于表现主题的情节
《当代汉语词典》 （出版年：2001）	① 旧日的办事制度；例行的事：奉行～（按照老规矩敷衍塞责）｜虚应～ ② 真实的或虚构的用做讲述对象的事情，有连贯性，能吸引人：神话～｜民间～ ③ 文艺作品中体现主题的情节：～性
Oxford Learner's Dictionaries	① a description of events and people that the writer or speaker has invented in order to entertain people ② the series of events in a book, film, play, etc ③ an account of past events or of how something has developed ④ an account, often spoken, of what happened to somebody or of how something happened ⑤ a report in a newspaper, magazine or news broadcast
Cambridge Dictionary	① a description, either true or imagined, of a connected series of events ② a report in a newspaper or on a news broadcast of something that has happened ③ a lie
Merriam-Webster Dictionary	① an account of incidents or events ② a statement regarding the facts pertinent to a situation in question ③ a fictional narrative shorter than a novel ④ the intrigue or plot of a narrative or dramatic work ⑤ a widely circulated rumor

文　献	定义或解释
Collins English Dictionary	① A story is a description of imaginary people and events, which is written or told in order to entertain ② a story is a description of an evet or something that happened to someone, especially a spoken description of it.
Wikipedia	① Story, a narrative (an account of imaginary or real people and events) 　　Short story, a piece of prose fiction that typically can be read in one sitting ② Story, or storey, a floor or level of a building ③ News story, an event or topic reported by a news organization

（注：检索或查阅日期，2022 年 2 月 18 日）

1.1.2　故事的特征

从故事的定义可以看出，故事的主要特征如下：

① 篇幅较短。相对于小说，故事的篇幅较短，一般控制在 3 万字以内。

② 情节固定。故事的叙述一般以情节的展开为主进行，情节是故事叙述的主线条。故事的情节具有曲折性，但不同故事的情节有规律可循。例如，每个故事的情节包括开端、发展、高潮、结局等内容。

> 故事就是一件事，两三个人物，几个转折。
> 有人亦称，故事就是一件事，两个人，三个弯。

③ 冲突单一。冲突是故事的灵魂。故事一般以冲突为基础，而故事叙述者的目的是试图解决这一冲突。但是，与小说中的冲突相比，故事冲突相对单一，通常围绕单个冲突或冲突的一个侧面，并不设计多个冲突或冲突的多侧面。

④ 内容叙事。故事一般采用叙事方法，一般包括时间、地点、人物、事件、原因、结果等要素。故事一般采用的是口语化语言，而不采用书面语言。

⑤ 细节生动。细节是故事的血肉，一个好的故事必须有一段生动的精彩细节描述。

⑥ 易懂易记。由于具备篇幅短、情节固定、冲突单一等特点，故事具备通俗易懂的特点。

> 对于故事而言，情节是骨骼，冲突是灵魂，细节是血肉。

在诗歌、小说、戏剧、散文等不同文学体裁中，与故事最接近的文学体裁为小说（Novel）。

表 1-2 给出了故事与小说的主要区别。

表 1-2　故事与小说的区别

比较项	故事（Stories）	小说（Novels）
举例	揠苗助长的故事	列夫·托尔斯泰的《战争与和平》
字数（篇幅）	较短（3 万字以内）	较长（4 万字以上）
情节数量	简单（单个情节）	复杂（多个情节或多个子情节）
冲突	围绕单个冲突或冲突的一个侧面	涉及多个冲突及冲突的多个侧面
表现方式	叙事	描述
表现重点	叙述人物的行为与活动	刻画人物的性格与形象
理解难易程度	较容易	较难

1.2　故事的发展史

从亚里士多德到 TED：2000 年不变的说服艺术

2000 多年前，亚里士多德在其著作《修辞学》中概述了如何成为说服大师的公式。亚里士多德认为，将情感从一个人传递给另一个人的最佳方法是通过讲故事这种修辞手段。

通过对 500 个有史以来最受欢迎的 TED 演讲（TED Talks）的数据分析发现，故事占演讲者平均演讲的 65%。换句话说，一个深受欢迎的 TED 演讲的制胜法宝是将宏大的创意包装在故事之中。

——Gallo C，2019

故事的发展阶段可分为三个主要时期：以视觉/口述方式为主的讲故事时期，以文字方式为主的书面讲故事时期，以及以数字化手段为主的讲故事时期，如图 1-2 所示。

1.2.1　视觉/口述讲故事（约公元前 700 年之前）

故事化是人类最古老的沟通方式和最原始的艺术形式之一，在没有发明文字之前，人类主要以视觉或口头方式讲故事。例如，约公元前 3 万年的"肖维岩洞（Grotte Chauvet）壁画"（如图 1-3 所示）用绘画方式讲述了一系列仪式或狩猎事件。又如，约公元前 1000 年的古希腊神话和传说，约公元前 700 年刻在城墙上的《吉尔伽美什史诗（The Epic of Gilgamesh)》》等。

数据故事的发展史

10分钟讲解

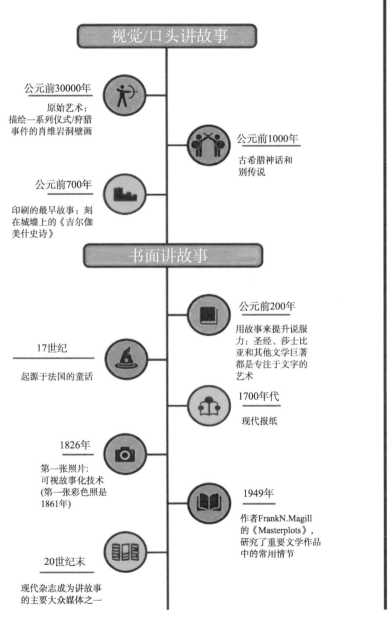

视觉/口头讲故事

公元前30000年
原始艺术：描绘一系列仪式/狩猎事件的肖维岩洞壁画

公元前1000年
古希腊神话和别传说

公元前700年
印刷的最早故事：刻在城墙上的《吉尔伽美什史诗》

书面讲故事

公元前200年
用故事来提升说服力：圣经、莎士比亚和其他文学巨著都是专注于文字的艺术

17世纪
起源于法国的童话

1700年代
现代报纸

1826年
第一张照片：可视故事化技术（第一张彩色照是1861年）

1949年
作者FrankN.Magill的《Masterplots》，研究了重要文学作品中的常用情节

20世纪末
现代杂志成为讲故事的主要大众媒体之一

图 1-2　故事化的发展简史（图片来源：Matt Peters，2018）

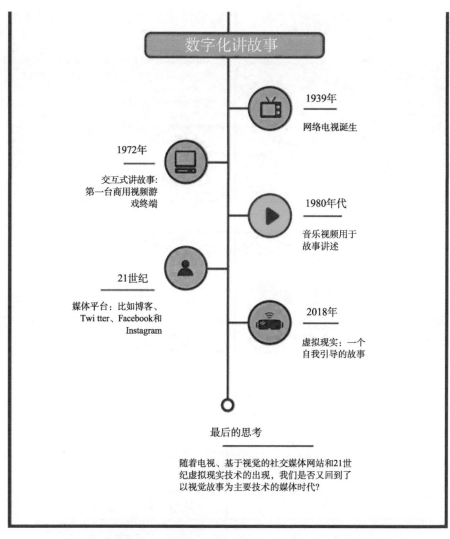

数字化讲故事

1939年
网络电视诞生

1972年
交互式讲故事：
第一台商用视频游
戏终端

1980年代
音乐视频用于
故事讲述

21世纪
媒体平台：比如博客、
Twitter、Facebook和
Instagram

2018年
虚拟现实：一个
自我引导的故事

最后的思考

随着电视、基于视觉的社交媒体网站和21世
纪虚拟现实技术的出现，我们是否又回到了
以视觉故事为主要技术的媒体时代？

图 1-2 故事化的发展简史（图片来源：Matt Peters，2018）（续）

图 1-3 肖维岩洞（Grotte Chauvet）壁画

1.2.2　书面讲故事（约公元前 700 年至 20 世纪）

随着文字的发明，人类讲故事方式从视觉或口头方式逐步转向书面方式讲述。

例如，先秦时期的古籍《山海经》（据说成书于东周时期，公元前 700 多年前）中记录有精卫填海（如图 1-4 所示）、夸父追日和大禹治水等故事；约公元前 200 年，圣经、莎士比亚的作品和其他文学巨著采用故事的方式提升其说服力；17 世纪起源于法国的童话故事；20 世纪末现代杂志已成为故事讲述的主要媒体之一。

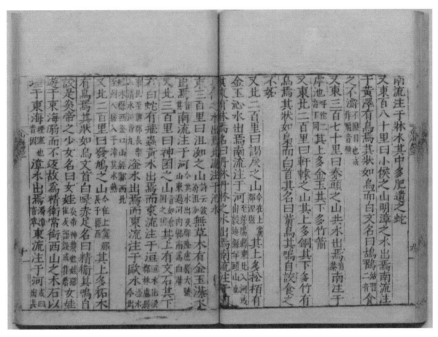

图 1-4　山海经中对精卫填海的记录
（图片来源：日本国立公文书馆）

1.2.3　数字化讲故事（20 世纪至今）

随着数字化技术的普及应用，人类讲故事的方式再次从书面叙述转向数字化叙述。例如，20 世纪 30 年代，传统网络电视技术的诞生及在故事叙述中的应用；1972 年，第一台商用视频游戏机的出现推动了交互式讲故事方式的出现；20 世纪 80 年代，开始出现了用音乐讲述故事的案例；21 世纪初，社交媒体成为故事叙述的主要媒介；2018 年开始，虚拟现实成为故事描述的新手段，受众在故事叙述中拥有了一定的自主性，故事描述方式从作者或叙述者驱动转向受众驱动；2021 年是元宇宙元年，为数字化讲故事提供了新的应用场景。

值得一提的是，随着数字化技术的广泛应用，叙事方式从模拟信号转向数字信号，导致数字化技术开始成为叙事的主流技术。例如，伦敦帝国理工学院使用数字故事化平台 Shorthand 发布校园专题报道及其校友杂志，9 个月后，伦敦帝国理工学院专题报道的平均独立网页浏览量增加了 142%，平均页面停留时间增加了 50%。图 1-5 为伦敦帝国理工学院使用 Shorthand 开发的数据故事"关于气候变化，你可以做的 9 件事"。

图 1-5　关于气候变化，你可以做的 9 件事
（图片来源：伦敦帝国理工学院网站）

1.3　故事的要素

故事涉及四个核心问题：为什么要讲故事（Why），故事要讲什么内容（What），故事要如何讲（How），讲给谁听（Whom），如图 1-6 所示。

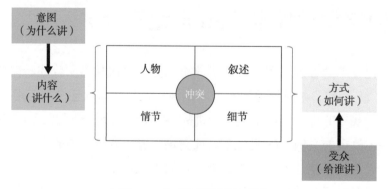

图 1-6　故事的组成要素模型

1.3.1 意图——为什么要讲故事

通常，故事叙述的目有三种：说服、记录和娱乐。

（1）说服

有些故事创作的目的在于通过讽刺、批判或赞美等方式说服他人，主要为以隐喻的方式寄托意味深长的道理。例如，亡羊补牢的故事。

（2）记录

有些故事创造的目的为记录一件过去发生的事情。例如，刘备三顾茅庐去请诸葛亮，终于打动诸葛亮的故事。

（3）娱乐

有些故事创作的目的是娱乐听众。近年来，尤其是数字媒体时代的很多故事的创作目的侧重于娱乐，如搞笑类故事。

1.3.2 内容——要讲什么故事

故事内容主要由情节（Plots）和人物（Characters）组成，如图 1-7 所示。

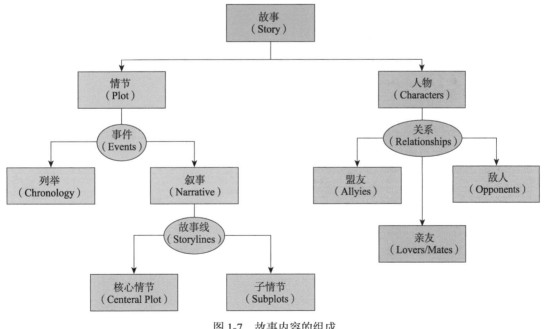

图 1-7 故事内容的组成

（来源：BeemGee，2022）

（1）情节（Plots 或 Storylines）

情节是故事涉及的"事或事件（Events）"的组织方式。通常，故事并非采用以按每个事件所发生时间的先后顺序简单列举方法，而是采用"叙事"的方法，其中描述事件的故事线（Storylines）被称为情节（Plots）。故事一般包含一个核心情节（Central Plot），有时可以包括若干子情节（Subplots）。

（2）人物（Characters）

人物是故事涉及的角色或主人公。通常，一则故事涉及的人物不会很多，而且人物之间的关系较为清晰，可分为盟友（Alleies）、亲友（Lovers/Mates）和敌人（Opponents）。

1.3.3 方式——如何讲故事

通过故事内容可以用不同的策略表述——主要取决于如何叙事和细节描写。

（1）叙事（Narrative）

叙事是通过语言组织任务的行动和事件，从而构成完整文学艺术作品的文学创作活动，其核心内容是故事。叙事方法主要有四种：线性叙事、非线性叙事、探索性叙事和观点性叙事。

（2）细节（Details）

细节是故事的灵魂，是故事叙述的必要组成部分。故事叙述需要选择重要的细节，对其开展详细描述，进而制造故事的"关键时刻"，达到故事的生动和感人的效果。但是，故事并非要对每个人物或情节进行细节性描述，避免对非必要细节的描述。

1.3.4 受众——给谁讲故事

受众是故事叙述的一个重要因素。除了人物，故事的生成和传播过程涉及故事作者、故事叙述者和故事受众（简称受众）三类主体，如图 1-8 所示。

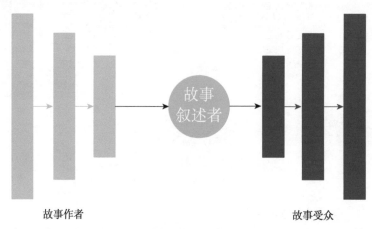

图 1-8 故事的生成和传播过程

其中，受众是故事的接收者的统称，根据故事叙述所采用的技术，可以进一步分为故事的听众、观众、读者和玩家。在故事的叙述过程中，同一个叙述活动面向的受众可为一个，也可以是多个。

1.3.5　冲突——故事的关键在哪里

冲突（Conflict）是故事叙述的主要抓手和驱动力，也是故事的叙述关键所在。一个故事主要围绕一个主要冲突开展，可以涉及若干子冲突。

Feigenbaum A 和 Alamalhodaei A 在他们的著作《The Data Storytelling Workbook》中将故事冲突认为七类：人与自己、人与人、人与自然、人与社会、人与机器/技术、人与命运/神和人与超自然之间的矛盾，如图 1-9 所示。

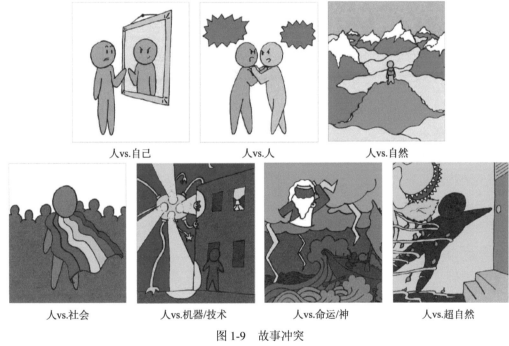

图 1-9　故事冲突

（图片来源：《The Data Storytelling Workbook》，2020）

辞海（第七版）中对相关术语的解释

（1）故事

叙事性文学作品中不可或缺的要素，是按时间顺序排列的事件的叙述。故事与重在叙述事件因果关系的情节有所不同，但多是情节的基础。

（2）情节

叙事性文艺作品中具有内在因果联系的人物活动及其形成的事件的进展过程。由一组以上能显示人物行动，人物和人物、人物和环境之间的错综复杂关系的具体事件和矛盾冲突所构成，是塑造人物性格的主要手段。情节以现实生活中的矛盾冲突为根据，经作家、艺术家的集中、概括并加以组织、结构而成，事件的因果关系亦更加突出。情节一般包括开端、发展、高潮、结局等组成部分，有的作品还有序幕和尾声。

（3）叙述

叙述是文学创作的基本手法，是对人物、事件和环境所作的讲述和呈现。

根据叙述的时间安排方式，故事的叙述可分为顺叙、倒叙和插叙；根据叙述的角度，故事的又可分为第一人称叙述方式、第二人称叙述方式和第三人称叙述方式。

（4）叙事学

叙事学以叙事文学为主要研究对象，探讨叙事作品一般结构规律的学科，最早由托多洛夫（Tzvetan Todorov，1939—2017）提出，20 世纪 60 年代在结构主义和俄国形式主义双重影响下逐渐形成。苏联文艺理论家普罗普（Владимир Яковлевич Пропп，1895—1970）在《民间故事形态》(1928年）中最早进行研究尝试。法国巴特的《叙事作品结构分析导论》和托多洛夫的《〈十日谈〉语法》是代表作。他们运用语言学的理论，研究叙事作品的结构、叙述方式，试图通过对作者与作品叙述者、作品所描述的事件与现实中发生的事件以及叙述行为对故事的影响关系之间的研究，建立起一套能说明"谁来讲故事"和"怎么说故事"的叙事系统模式。叙事学以小说为主要研究对象，后来逐渐扩大到电影、戏剧及整个人类叙事行为的哲学研究。

1.4　故事的情节

1.4.1　金字塔结构

德国剧作家 Gustav Freytag 提出了故事叙述的金字塔结构（Freytag's Pyramid），主要由开端（Exposition）、上升（Rising Action）、高潮（Climax）、下降（Falling Action）和结局（Resolution）五个步骤组成，如图 1-10 所示。

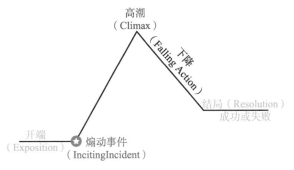

图 1-10　金字塔结构

Freytag 的金字塔结构是故事创作中常见的情节结构之一。

- 开端：主要交代故事发生前的初始的相对稳定状态，包括情境、人物、风格等。
- 上升：当出现冲突——煽动性事件时，故事情节由开端阶段转型上升阶段，冲突和矛盾不断升级，趋向高潮。
- 高潮：故事冲突升级到最高点，故事的主要矛盾即将得到解决。
- 下降：故事的次要矛盾相继得到解决，故事情节趋于平缓。
- 结局：故事情节回到新的稳定状态。

Freytag 的金字塔结构不仅提出了故事情节的五个基本步骤，还强调了两点：一是开端和结局之间的差异性——这种差异性是故事对人物产生的影响；二是煽动性事件（Inciting Incident）的重要地位——煽动性事件的出现将改变故事。

1.4.2　英雄之旅结构

美国作家 Joseph Campbell 教授等提出的英雄之旅（Hero's Journey）结构是一种广泛应用于故事叙述的常用情节结构，如图 1-11 所示。Joseph Campbell 教授提出的英雄之旅结构分为出走、闯荡和归来三大阶段，共 17 个活动。

① 出走（The departure）：英雄离开了他所熟悉的平凡世界，涉及的子阶段一般有 4 个：冒险的召唤、拒绝召唤、超自然的帮助、跨越出走的门槛。

② 闯荡（The initiation）：英雄学会驾驭陌生的不平凡世界，涉及的子阶段一般有 10 个：鲸鱼之腹、试炼之路、与神相会、诱惑考验、向父辈赎罪、神化、终极胜利、拒绝归来、魔幻逃脱、外来营援。

③ 归来（The return）：英雄回到熟悉的平凡世界，涉及的子阶段一般有 3 个：跨越归来的门槛、主宰两个世界、自由生活。

英雄之旅结构是文学及影视作品中最常见的故事叙述模式，如《西游记》《摔跤吧！爸爸（Dangal）》《头号玩家（Ready Player One）》《哈利•波特与魔法石（Harry Potter and the Philosopher's Stone）》《蜘蛛侠（Spider-Man）》、《狮子王（The Lion King）》和《黑客

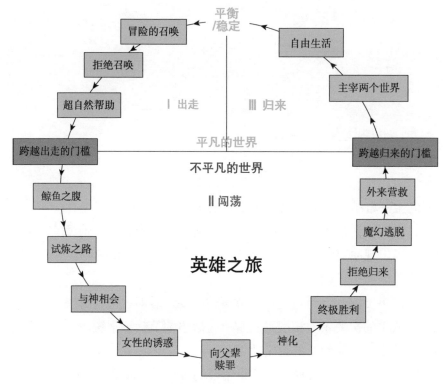

平衡/稳定

冒险的召唤

拒绝召唤

超自然帮助

跨越出走的门槛

鲸鱼之腹

试炼之路

与神相会

女性的诱惑

向父辈赎罪

Ⅰ 出走

Ⅲ 归来

平凡的世界

不平凡的世界

Ⅱ 闯荡

英雄之旅

自由生活

主宰两个世界

跨越归来的门槛

外来营救

魔幻逃脱

拒绝归来

终极胜利

神化

图 1-11 英雄之旅（hero's journey）型情节结构

帝国（The Matrix)》等均采用的是此类情节结构。

英雄之旅型故事情节结构的变体如表 1-3 所示。

表 1-3 英雄之旅型故事情节结构的变体

结 构	Joseph Campbell（1949）	David Adams Leeming（1981）	Phil Cousineau（1990）	Christopher Vogler（2007）
Ⅰ 出走	1. 冒险的召唤 2. 拒绝召唤 3. 超自然帮助 4. 跨越出走的门槛	1. 神奇的构想诞生 2. 英雄的启蒙 3. 隔离及准备	1. 冒险的召唤	1. 平凡世界 2. 冒险的召唤 3. 拒绝召唤 4. 贵人相助 5. 跨越第一道门槛
Ⅱ 闯荡	5. 鲸鱼之腹 6. 试炼之路 7. 与神相会 8. 诱惑考验 9. 向父辈赎罪 10. 神化 11. 终极胜利 12. 拒绝归返 13. 魔幻逃脱 14. 外来营救	4. 试炼和探索 5. 死亡 6. 堕入地狱	2. 试炼之路 3. 愿景追求 4. 与神相会 5. 恩赐	6. 试炼，盟友、敌人 7. 被逼洞穴最深处 8. 苦难折磨 9. 奖赏（掌握宝剑）
Ⅲ 归来	15. 跨越归来的门槛 16. 主宰两个世界 17. 自由生活	7. 复苏 8. 升华、神化和赎罪	6. 魔幻逃脱 7. 跨越归来的门槛 8. 两个世界的主人	10. 归来之路 11. 复苏 12. 带着万灵丹归来

（来源：维基百科）

1.4.3 "男孩追到女孩"结构

美国作家、黑色幽默文学代表人物 Kurt Vonnegut 曾提出了著名的"男孩追到女孩"（Boy Gets Girl）结构——基于二维坐标轴画出的一种极为通用的故事情节结构（如图1-12）所示。水平轴代表的是时间，即从故事的"开始"到"结束"；垂直轴代表的是运气，即从"不幸"到"幸运"。

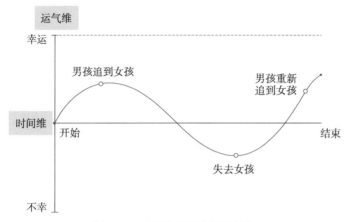

图 1-12　"男孩追到女孩"结构

在此故事情节结构中，首先男孩很幸运追到了女孩，接着男孩运气不佳失去了女孩，最后男孩的运气发生了逆转，重新追到了女孩。需要注意的是，此故事情节结构比喻了故事情节变化的一般模式，其中男孩和女孩泛指两种人物，并不是特指男孩和女孩之间的爱情故事。

1.5　故事的叙述

1.5.1　故事的创作与叙述的区别

故事的创作与叙述是两个不同的活动，如图 1-13 所示。故事的创作是故事的构思、设计和生成过程；故事的叙述是故事生成后将故事叙述给受众的过程。当然，从主体和时间的角度看，故事的创作和叙述有时可以由同一个人（群体）完成，也可以式同步完成的。但是考虑到对故事的科学研究，需要将故事创造和故事叙述两个活动分别进行探讨，这样有助于进行故事的自动化生成和叙述。

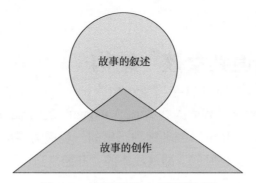

图 1-13　故事的创作与叙述的区别

1.5.2　故事叙述的方法

在故事的创作、叙述和倾听过程中存在三种角色：故事创作者、故事叙述者和故事受众，如图 1-14 所示。故事创作者主要负责故事的定义和生成；故事叙述者为故事的讲述者，主要负责将故事呈现给受众；故事受众是故事的读者、听众、观众、玩家，是故事的受众和消费者。

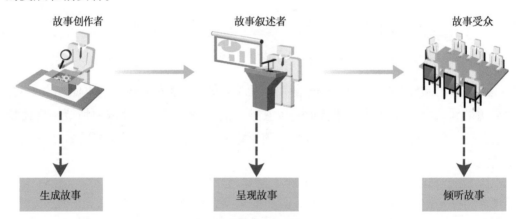

图 1-14　故事创作、叙述和倾听的过程中的主要角色

故事叙述的方法也称为叙事。根据叙述者的故事叙述策略选择的不同，可从几个视角进行分类。

（1）线性叙事与非线性叙事

① 线性叙事（Linear Narrative）是按照事件实际发生的天然顺序呈现故事中的事件，其叙述流程为：时间维度上的"A 接着 B 接着 C"，或空间维度上的"A 到达 B 到达 C"，或因果维度上的"A 导致 B 导致 C"。

② 非线性叙事（Non-linear Narrative）打破了线性叙事的按事件发生的天然顺序叙述的方式，打乱了事件之间的事件先后关系或因果推理关系。

二者的对比如表 1-4 所示。

表 1-4　线性叙事与非线性叙事的对比

	线性叙事	非线性叙事
含　义	按照事件实际发生的天然顺序叙述	叙述次序与事件实际发生的天然顺序不同
时间维	A 接着 B 接着 C	改变事件 A、B、C 的叙述顺序
空间维	A 到达 B 到达 C	改变事件 A、B、C 的叙述顺序
因果维	A 导致 B 导致 C	改变事件 A、B、C 的叙述顺序

（2）叙述者驱动型叙事与受众驱动型叙事

① 叙述者驱动型叙事（Narrator-driven Narrative）的叙述顺序由叙述者决定，叙述过程中叙述者与受众之间不存在直接交互，受众将被动接受故事。叙述者驱动型叙事的优点是信息量大，缺点是用户体验差。

② 受众驱动型叙事（Audience-driven Narrative）的叙述顺序由受众和叙述者之间的互动过程决定，叙述过程中鼓励叙述者与受众之间的直接交互，受众可以主动接受故事。受众驱动型叙事的优点在于用户体验较好，但可传递的信息量通常受限。

二者的对比如表 1-5 所示。

表 1-5　叙述者驱动型叙事与受众驱动型叙事的对比

	叙述者驱动型叙事	受众驱动型叙事
叙述者与受众之间的交互	无	有
受众的接受过程	被动	主动
故事叙事流程	固定	灵活
优点	信息量大	用户体验好
缺点	用户体验差	信息量小

马提尼酒杯结构（Martini Glass Structure）是常见的叙事模型（如图 1-15 所示），其中：长长的杯颈代表单一路径的叙述者驱动型叙述，大开口的杯口代表读者参与的交互。

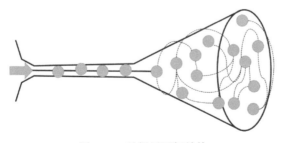

图 1-15　马提尼酒杯结构

马提尼酒杯结构的主要特点在于：

① 马提尼酒杯结构是线性叙事与非线性叙事相集成的叙事方法。马提尼酒杯结构不仅要进行叙述者驱动型叙事（杯颈部分），还要进行受众驱动型交互式叙事（杯口部分）。

线性叙事和非线性叙事的集成：马提尼酒杯结构不仅要进行线性叙事（杯颈部分），还要进行非线性叙事（杯口部分）。

② 在马提尼酒杯结构中，叙述者先根据自己对数据的分析整理成一个完整的数据故事，再由叙述者向受众叙述这个预期的故事，传达作者的观点并为受众提供观察视角和讨论焦点，然后让受众针对已有的数据故事发起讨论，自由探索问题。

（3）观点叙事与描述型叙事

① 观点叙事（Viewpoint Narrative）是故事叙述者根据自己的讲述目的和偏好，有意地过滤故事中的部分事件，有选择性地讲解故事内容甚至修改故事中的部分人物或情节。

② 描述叙事（Descriptive Narrative）是故事叙述者按照故事作者给出的故事内容进行讲解，对故事内容不做任何选择、修改或删减，忠于原始故事。

二者的对比如表 1-6 所示。

表 1-6　观点叙事与描述叙事的对比

	观点叙事	描述叙事
过滤故事事件	是	否
选择故事事件	是	否
修改故事事件	是	否
修改故事人物	是	否
修改故事情节	是	否

（4）上钻型叙事和下钻型叙事

① 上钻型叙事（Drill up Narrative）采取的是从底向上的叙述策略，从原因（或问题或局部）开始，不断上钻，最终找到结果（或答案或全局）。

② 下钻型叙事（Drill Down Narrative）则采用相反的策略，即从结果（或答案或全局）开始，不断下钻，最终找到原因（或问题或局部）。

1.5.3　故事叙述的原则

通常，故事叙述需要遵循 SUCCESs 原则——Simple（简单）、Unexpected（意外）、Concrete（具体）、Credible（可信）、Emotional（情绪）和 Stories（故事）原则（如图 1-16 所示）。

① 简单：保持故事的简单性，应聚焦真正需要、想要传达的最重要的信息，使故事叙述言简意赅，从而降低故事的理解和记忆的难度。

② 意外：打破受众对故事的惯性思维，使故事情节和内容变得出乎意料，并设计一些惊奇的情节来吸引受众的注意力。

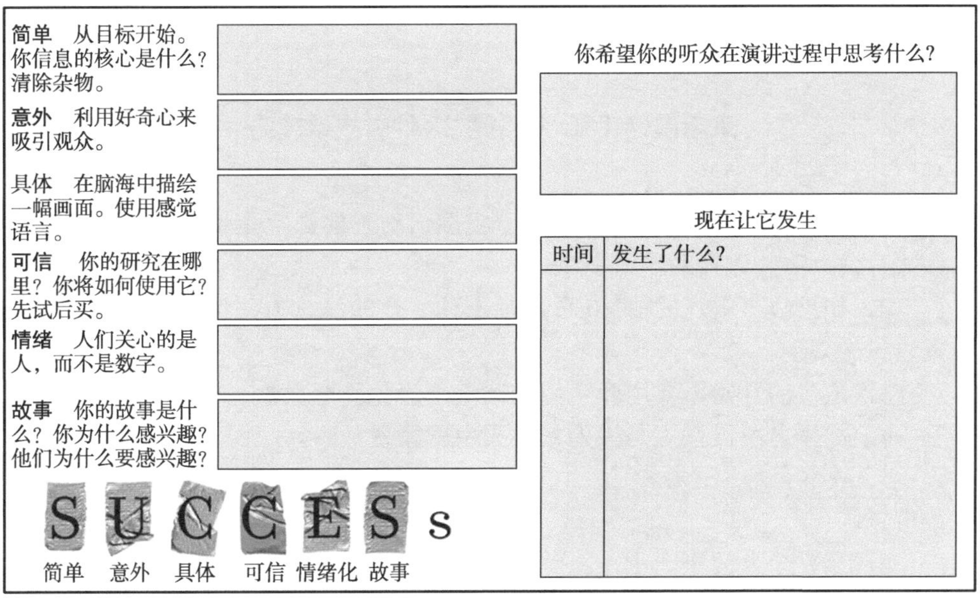

简单 从目标开始。你信息的核心是什么？清除杂物。		你希望你的听众在演讲过程中思考什么？
意外 利用好奇心来吸引观众。		
具体 在脑海中描绘一幅画面。使用感觉语言。		现在让它发生
可信 你的研究在哪里？你将如何使用它？先试后买。		时间　发生了什么？
情绪 人们关心的是人，而不是数字。		
故事 你的故事是什么？你为什么感兴趣？他们为什么要感兴趣？		

S U C C E S s

简单　意外　具体　可信　情绪化　故事

图 1-16　故事叙述的 SUCCESs 原则

（图片修改自：mrocallaghan_edu，2014）

③ 具体：提供具体的示例或具体的细节来提高故事描述的生动性和可理解性。

④ 可信：需要通过可信资源来支持故事叙述者的观点，利用公开数据或外部验证方式增加故事的可信度。

⑤ 情绪：善于运用喜悦、悲伤、恐惧、惊讶、愤怒、担忧、喜爱、憎恨等不同情绪来丰富故事本身，提高故事对受众的吸引力，让受众产生情感共鸣。

⑥ 故事：叙述过程需要确保叙述内容的故事属性，如叙述内容应该包括故事人物和情节变化。

斯坦福大学 JD Schramm 教授提出的故事叙述的 7 条建议

1．直奔主题，不要冗长的前奏和序言（parachute in, do not preamble）。

2．认真挑选第一个词和最后一个词。

3．在细节描述上，遵循"金发姑娘理论"（goldilocks theory）——提供恰到好处的细节，即不要提供过多的细节，也不要提供过少的细节。

4．专注于"一人一念"（one person with one thought）——与一群人交谈时，一次只关注一个人，持续 4～7 秒钟；如果可能，试着与每个人建立联系。

5．借鉴诗歌的魅力。

6．通过"留白"（silence）增强故事的影响和共鸣。

7．明确故事叙述的目的。

——JD Schramm，2014

来自最佳 TED 演讲的 23 种讲故事技巧

1．多观看优秀演讲者的视频。分析演讲对你的影响是了解公开演讲中哪些有效、哪些无效的绝妙方法。

2．如果故事叙述的前 30 秒内抓不住受众的注意力，受众就会对故事叙述失去兴趣。

3．故事的开始不要用介绍性的评论，避免受众厌烦。

4．故事之所以强大是因为人们天生就喜爱故事。

5．故事会带领受众踏上一段心理之旅。受众无法抗拒一个讲得很好的故事。

6．分享个人故事。

7．使故事不可抗拒的令人惊讶的元素是冲突。冲突越强烈，故事就越引人入胜。

8．多问自己，"我的故事中的冲突是否足够强烈？会引起观众的情绪吗？"

9．没有冲突 ＝ 没有好奇心 ＝ 没有兴趣。

10．通过提供有关人物形象的细节性信息，使故事的角色栩栩如生。

11．给受众足够的感官信息，构建主要人物的心理形象。

12．要多维呈现，不要仅停留在说上。

13．通过 VAKS（视觉、听觉、动觉和嗅觉），将场景转换成内心深处的影像。

14．尽可能多地包含感官，但也要确保描述的简短性。

15．提供具体的细节，有助于受众理解叙述者在说什么。

16．具体细节可以提升故事本身的可信度。

17．带有积极、正面信息的故事是鼓舞人心的，它们允许叙述者与受众分享信息，而不需对受众进行说教。

18．当受众情绪高涨时，结束自己的叙述。

19．使用对话机制，而不是单向叙述。对话比旁白更短、更有影响力，并且允许叙述者在演讲中使用声音的多样性。

20．故事应该包含让角色克服冲突的火花。

21．呈现冲突导致的性格变化。

22．通过给受众留下最后的"可带走的信息"（final takeaway message）来结束故事。

23．使可带走的信息尽量简短，以便受众可以记住并重述。

——Akash Karia，2014

那么，如何创造一个好故事呢？图 1-17 是一个典型的例子。

图 1-17　如何创造一个好故事

（来源：Kate Torgovnick May，2013）

1.6 故事的生成

1.6.1 Storytelling Alice 和 Looking Glass

Alice（如图 1-18 所示）是由美国卡内基·梅隆大学（Carnegie Mellon University）等研发的拖曳式（drag and drop）编程接口，主要支持创建交互式叙事、制作动画和编写游戏程序，目前广泛应用于计算机科学的早期教育。

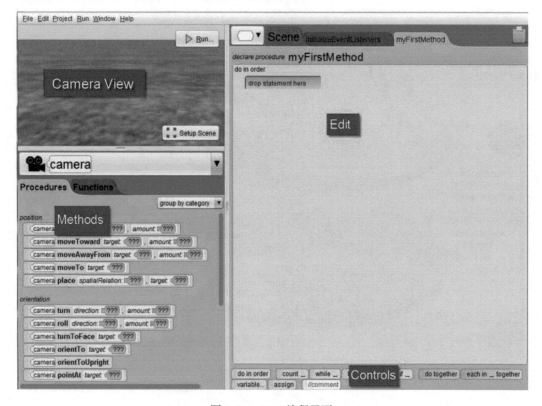

图 1-18 Alice 编程界面

（来源：Alice 官网）

2007 年，为了让更多女孩子接受早期计算机教育，凯特琳·凯莱赫（Caitlin Kelleher）在 Alice 中增加了故事叙述能力。她的这项工作直接推动了 Alice 的一个专门版本——故事叙述型 Alice（Storytelling Alice）的出现。

后来，她在圣路易斯华盛顿大学（Washington University in St. Louis）继续开展相关平台——"窥镜"（Looking Glass）的开发。

图 1-19 给出了基于 Looking Glass 开发的故事——"爱丽丝的冒险"的一个镜头。

图 1-19 基于窥镜开发的故事——爱丽丝的冒险
（来源：Alice 官网）

1.6.2 BeemGee 作者工具

Beemgee 作者工具（Beemgee Author Tool）是一种面向故事作者和叙述者的辅助叙事工具，支持从故事构思到故事生成的全流程的自动化。Beemgee 作者工具主要基于人物（Character）和情节（Plot）两个要素定义故事，其故事编辑界面主要由三个子功能区域组成：Character（人物）、Plot（情节）和 Step Outline（大纲），如图 1-20 所示。

The Godfather CHARACTER PLOT STEP OUTLINE

TEXT ●━━ ⅋ SELECT DETAILS ✐ EDIT STORY INFORMATION ⤓ EXPORT

The Godfather

"I believe in America." The undertaker Bonasera complains that the young WASPs who assaulted his daughter were far too lightly punished. He appeals to the Don for justice. The Don scolds him for not being his friend until he is needed, but swears to help. The condition is that Bonasera may have to repay him one day, "and that day may never come."

Pretty much everyone who plays a role in the story is gathered in the Long Beach "mall" at the wedding of the Don's daughter Connie to the handsome but no good Carlo. Though Michael, one of the Don's sons, seems like an outsider, he explains who is who to Kay (and with that to us). At a Sicilian wedding, the father can refuse no favours. Hence he has to give many audiences.

Strongman Luca Brasi, the Don's most effective muscle, is surprised to be invited to the wedding and – a fish out of water at such a splendid social event – stammers his "ever-ending loyalty".

Sonny, though married, sneaks upstairs with bridesmaid Lucy. Tom finds him to tell him the Don wants him in the office.

图 1-20 Beemgee 作者工具
（来源：Beemgee 官网）

① 人物功能：定义和编辑人物，包括人物的基本属性、情节属性、人物关系、人物对比、人物转换等功能。

② 情节功能：定义和编辑情节，包括定义/编辑/选择/过滤事件、事件叙事方式的选择、为事件分配人物和情节、缩放时间线等。

③ 大纲功能：用于定义、编辑故事大纲，包括故事叙事顺序的编辑、故事主题和冲突编辑、故事叙述环节的属性定义等。

目前，Beemgee 作者工具支持故事的定义、编辑和发布等功能。

1.6.3 Worldbuilding

亚历克斯·麦克道尔（Alex McDowell）是一位屡获殊荣的设计师和故事创造者，在将数字技术应用于传统故事叙述方面做出了重要贡献。他是《乌鸦》(The Crow)、《搏击俱乐部》(Fight Club) 和《少数派报告》(Minority Report) 等开创性电影的制片设计师。他曾提出了"未来现实"(Future Realities) 的设想——从实验室、公司、建筑师和城市规划中收集真实信息，以设想尚未存在但有一天很可能存在的世界。例如，自《少数派报告》(Minority Report) 上映以来，已有 100 多项专利申请了基于电影中虚构技术的新技术，如计算机、电视和自动驾驶汽车的手势控制。

近年来，作为南加州大学 Worldbuilding 媒体实验室（USC World Building Media Lab）的主要负责人，麦克道尔带领他的跨学科团队正在设计跨媒体平台的故事世界。同时，他们运用他们的发现来帮助解决现实世界的问题，从气候变化到难民危机。麦克道尔认为，通过叙述可以创造出让受众完全沉浸其中的令人信服的故事，可以看到未来各种结果的可能性，设计师、媒体制作人和科学家可以推动这些可能性成为现实。

图 1-21 为麦克道尔团队开发的故事——细胞与城市（The Cell and the City）。该故事基于胰腺 β 细胞的结构和功能定义的虚拟细胞作为城市，采用科学、严谨的原则，模拟细胞系统因药物和其他治疗而发生的变化，为受众提供了探索生化世界的故事。该故事的主要受众为科学家，科学家们可以通过虚拟"进入"细胞并与周围的系统互动，更清楚地了解细胞系统之间的相互联系。值得一提的是，该产品采用胰腺 β 细胞的原因在于这种细胞的功能是产生胰岛素，而糖尿病是人类健康面临的最大威胁之一，但在许多情况下，人们可以通过改变行为习惯来避免或治疗糖尿病。

Worldbuilding 是由亚历克斯·麦克道尔提出的故事叙述的一种综合实践，也是构建虚构世界的过程。Worldbuilding 的目的是建立虚拟世界的规则和边界，以便让故事能够在虚拟世界中按照设定的规则运行。Worldbuilding 不仅为故事创作提供了平台，还为故事角色的发展奠定了基础。

图 1-21　麦克道尔团队开发的故事——细胞与城市

（来源：南加州大学 Worldbuilding 媒体实验室）

Worldbuilding 为叙事者和设计师提供了背景环境以展示合理的叙事内容和角色，方便描绘不同主题下的场景与风貌，创造独具特色的环境和文化，支持构建生态群落与生物形态，有助于促进思想的发展和社会系统的运作。

小　结

本章主要讲解了有关"故事"的基本知识，对于我们继续学习本书后续章节具有重要意义。

首先，以中国大百科全书、辞海、新华字典、牛津英文词典、剑桥英语词典、维基百科等工具为基础，探讨了故事的各种定义方法，讲解了故事的篇幅较短、情节固定、冲突单一、内容叙事、细节生动、易懂易记等主要特点。

其次，以回答"故事"的四个核心问题——为什么讲故事（说服、记录和娱乐）、故事要讲什么内容（情节和人物）、故事要如何讲（叙事和细节）、讲给谁听（受众）——为抓手，分析了数据故事的五个组成要素：意图、内容、方式、受众和冲突。其中，冲突是叙述上述四个核心问题的主要抓手和驱动力，也是故事叙述的关键所在。

再次，以回答"故事如何叙述的"为线索，介绍了故事叙述的三种著名情节结构：Freytag 的金字塔结构（Freytag's Pyramid）、Campbell 等的英雄之旅（Hero's Journey）、Vonnegut 的男孩追到女孩（Boy Gets Girl）。

接着，以故事的自动化生成为相关研究的新使命，将故事生命期分为"创作"和"叙述"两个阶段，探讨了故事的创作和叙述的区别，以及故事的叙述方法：线性叙事和非线性叙事、叙述者驱动型叙事和受众驱动型叙事。其中，马提尼酒杯结构（Martini Glass Structure）是最常见的故事叙述模型，其主要特点在于：不仅是叙述者驱动和受众驱动相结合的叙事策略，也是线性叙事和非线性叙事相集成的叙事方法。故事叙述需要遵循 SUCCESs 原则——Simple（简单）、Unexpected（意外）、Concrete（具体）、Credible（可信）、Emotional（情绪）和 Stories（故事）原则。

最后，以回答"什么是故事的自动生成的典型案例"为目的，主要介绍了一些具有代表性的故事自动生成工具，包括 Storytelling Alice、Looking Glass、Beemgee Author Tool 和 World-building 等。

建议读者在掌握上述基本知识的基础上，调研相关文献及研发项目，尤其是继续阅读参考文献，加深自己对"故事"的理解程度，为更好地学习后续章节奠定基础。

思 考 题

1. 什么是故事？故事有哪些特征？
2. 故事的主要组成要素有哪些？请结合一则具体故事，分析其组成要素。
3. 选择一则具体故事，解释 Freytag 的金字塔情节结构在其中的应用。
4. 选择一则具体故事，解释 Campbell 等的英雄之旅情节结构在其中的应用。
5. 选择一则具体故事，解释 Vonnegut 的男孩追到女孩（Boy Gets Girl）情节结构在其中的应用。
6. 简述故事的创作和叙述活动的区别。
7. 简述故事的叙述方法。
8. 简述故事的叙述原则。
9. 调查分析故事自动生成工具，并分析其特征、存在问题及未来发展趋势。

第 2 章　数据故事

DS

故事是古老的文学与艺术体裁，而数据故事是近几年才兴起的全新的科学与工程技术。

——朝乐门

到 2025 年，数据故事将成为最为广泛采用的分析结果的方式，75%的故事将基于增强分析技术自动生成。(By 2025, data stories will be the most widespread way of consuming analytics. Augmented analytics techniques will automatically generate 75% of those stories.)

——Gartner（2021）

数据是一门科学，沟通它是一门艺术。在分享数据见解时应该用讲故事的原则撰写推荐并启发他人。(Data is a science, communicating it is an art. Write a recommendation and inspire others by applying storytelling principles when sharing data insights.)

——Duarte N.（图书《Data Story》的作者）

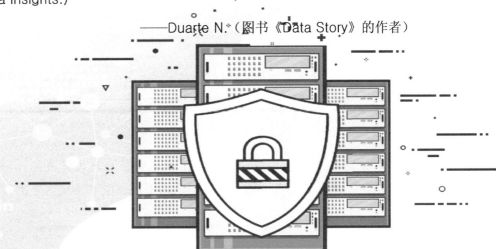

掌握数据故事的定义与特征是开始学习数据故事这一新领域的突破口，是深入学习数据故事的理论、方法和技术的关键所在。为此，本章将重点讲解：数据故事的定义，数据故事的特征，数据故事的认知，数据故事的应用。

2.1 数据故事的定义

2.1.1 数据与故事的联系

Heath C. 在 2007 年在斯坦福大学课堂上进行的一项实验研究表示，只有 5%的人可以记住特定的统计数据，但是如果将统计数据转换为故事，就有 63%的人可以记住它，如图 2-1 所示。可见，相对于单纯的数据，故事更为令人难忘。因此，如果将数据转换为故事，就可以降低人们记忆数据的难度。

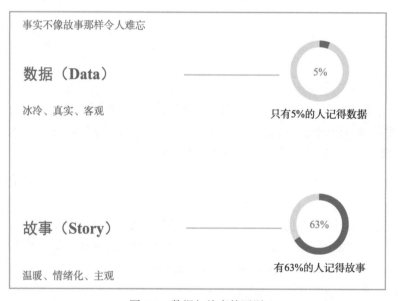

图 2-1　数据与故事的区别
（来源：Duarte N.，2019）

> 相对于事实，人们记住的故事可能多达 22 倍。（Stories are remembered up to 22 times more than facts alone.）
>
> ——Jennifer Aaker（斯坦福大学教授）

相对于数据，故事更符合人类天生的认知特征。在救助儿童会（Save the Children）的一项公益活动中，研究者为同一个被捐款对象准备两种不同版本的宣传手册，一种是基于故事化描述的版本，另一种是简单罗列事实数据的版本。数据分析发现，拿到前一版本的捐赠者的平均捐款金额比后者高出 2 倍以上。

> ### 冷冰冰的数据
> #### ——如果仅仅用"数据"呈现奥斯卡获奖电影《泰坦尼克号》会怎么样
>
> 1912 年 4 月 14 日晚 11 点 40 分，泰坦尼克号在北大西洋撞上冰山（41°43'55.66"N，49°56'45.02"W 附近）……2 小时 40 分钟后，4 月 15 日凌晨 2 点 20 分沉没……由于只有 20 艘救生艇，1523 人葬身海底。
> 头等舱乘客：
> 男士：175 人，幸存 57 人，幸存率 32.6%
> 女士：144 人，幸存 140 人，幸存率 97.2%
> 儿童：6 人，幸存 5 人，幸存率 83.3%
> 乘客名单及详细信息如下……
> 头等舱乘客……
> 二等舱乘客……
> ……
> 船员……
>
> ——Jennifer Aaker（斯坦福大学教授）

然而，将数据转换为故事的目的不仅仅停留在提高数据的可记忆性，更重要的是将数据转换为行动（Action），进而达到故事创作者的业务或商业目的，如图 2-3 所示。

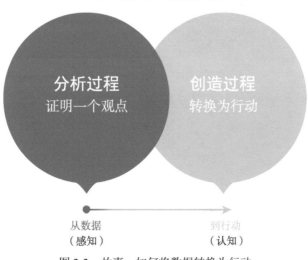

图 2-3　故事：如何将数据转换为行动
（来源：Duarte N.，2019）

从数据到行动需要进行两个主要过程。

（1）分析过程

数据转换为故事需要采用数据分析方法，对其进行分析，进而发现有意义的洞察或要证明某个观点。

（2）创造过程

将数据分析的结果关联至具体业务场景或商业目的，通过将创造性设计思维引入故事创造过程，进而将数据分析结果转换为受众的某一行为，如市场决策或购买商品等。

> 数据故事具有两重性，即将数据的客观性和故事的主观性合为一体。就绝大多数人而言，相对于数据本身，数据故事更容易记忆、认知和转变成行动。
>
> ——朝乐门

2.1.2　数据故事及数据故事化

数据故事（Data Story）是以满足特定业务需求为目的，以数据为原始材料，以数据分析和建模方法为手段，从数据中发现有价值的洞见，并以故事形式向目标受众提供的一种数据产品或服务。通常，将数据转换为数据故事的过程称为数据故事化（Data Storytelling）。

> 与文学与艺术中的（传统）故事不同，数据故事属于数据科学的范畴，即数据科学中的数据故事。因此，我们需要从科学尤其是数据科学的维度研究数据故事，而不能仅仅在文学或艺术层面讨论，如图 2-4 所示。

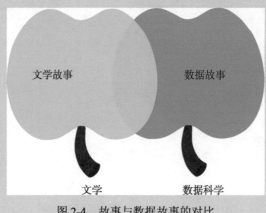

图 2-4　故事与数据故事的对比

2.1.3　数据故事的金字塔模型

数据故事的金字塔模型如图 2-5 所示，是以业务需求为出发点，以数据为基础，依次进行原始数据的分析洞察、故事模型的构建、故事模型的形式化描述，以及将故事叙述给目标受众，进而影响受众行为，最终达到满足业务需求的目的。

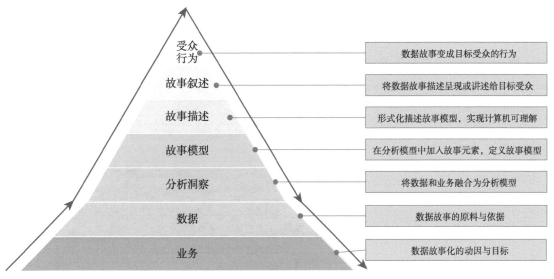

图 2-5　数据故事的金字塔模型

（1）业务需求

业务需求是数据故事化的动因与目标。通常，与文学故事不同，数据故事具有显著的业务需求导向性特征。

（2）数据

数据是数据故事的原料和依据，主要包括业务数据、业务背景数据以及与业务相关的数据三大类。

（3）分析洞察

采用数据分析和挖掘方法，将数据和业务融合为分析模型。

（4）故事模型

在分析模型中加入故事元素，定义故事模型。

（5）故事描述

采用形式化描述和知识图谱等技术，将故事模型表示成计算机可理解的描述。

（6）故事叙述

采用自然语言表示、可视化、虚拟现实等技术，将故事描述呈现或叙述给目标受众。

（7）受众行为

在数据故事的叙述过程中，与用户互动并对用户认知产生影响，最终变为用户行动。

2.1.4　数据故事化的相关术语

目前，数据故事化的类别有数据驱动型故事化、可视故事化、分析型故事化、交互式故事化、用数据讲故事、数字化故事化等，从不同视角或层次讨论了数据故事化的某个（些）侧面或维度，如表 2-1 所示。

表 2-1　数据故事化的类别

类　别	侧重点
数据驱动型故事化（Data-Driven Storytelling）	区别于目标驱动或模型驱动的一种特定故事生成方式，强调数据故事的动态性、敏捷性和个性化
可视故事化（Visual Storytelling）	以可视化为主的故事叙述方式，强调可视化技术在数据故事化中的重要地位
分析型故事化（Analytical Storytelling）	基于数据分析的数据故事化，强调数据分析在数据故事化中的重要地位
交互式故事化（Interactive Storytelling）	通过叙述者和受众之间的交互方式叙述过程，强调用户体验与受众反馈在数据故事化中的重要地位
用数据讲故事（Storytelling with data）	反对数据故事内容过于虚幻、主观或脱离业务，强调数据叙述的客观、定量化和实证性
数字化故事化（Digital Storytelling）	重视数字化技术在数据故事中的应用，强调数据故事叙述载体的数字化和多样化

① 数据驱动型故事化强调的是故事叙述的一种形式，区别于模型驱动和目标驱动的叙述方式。

② 可视故事化主要强调的是故事叙述中可视化呈现的重要性。

③ 分析型故事化主要强调的是数据分析在数据故事化中的重要地位。

④ 交互式故事化主要强调的是受众交互在数据可视化中的重要地位，数据可视化是一个交互式创造过程。

⑤ 用数据讲故事主要强调的是故事的客观性，突出故事要有依据或凭证，避免故事过于主观。

⑥ 数字化故事化主要强调的是故事化过程中采用数字化技术，如数字游戏、互动电视、智能玩具、互联网及无线网等进行故事叙述和呈现。

2.1.5　数据故事的作用——EEE 作用

数据故事的主要作用有三个：吸引（Engage）、解释（Explain）和启发（Enlighten），可称为数据故事的 EEE 或 3Es 作用，如图 2-6 所示。

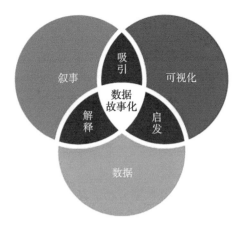

图 2-6　数据故事化的作用

（来源：Brent Dykes，2016）

数据故事涉及三方面的问题：数据、可视化和叙事。数据故事经常采用数据呈现的另一个技术——数据可视化，但涉及的不仅要呈现图形，还要逐步引导受众认识数据、了解数据并得出结论。

（1）吸引（Engage）

吸引是指采用"叙事+可视化"的方式，将可视化和叙事相结合，从而吸引受众的注意，以受众更容易接受的方式来参与其中，产生共鸣。

（2）解释（Explain）

解释是指采用"数据+叙事"的方式，将叙事方法应用于数据，可以解释数据中正在发生的事情，以及背后隐含的信息。

（3）启发（Enlighten）

启发是指采用"数据+可视化"的方式，将数据和可视化相结合，可以形成数据的可视化展示，帮助受众加强对数据的理解，得到从数据集合中难以发现的认识。

总之，数据故事将有价值的数据、效果最佳的视觉展示和合理的叙事融合到一起，达到数据故事化的目的。

2.2　数据故事的特征

数据故事与文学故事是既有联系又有区别的两个术语，二者在表现手法上具有一致性，均采用故事叙述方法。

文学故事的特点如下。

① 文学故事可以脱离于具体业务需求，更加关注的是教育、娱乐、消遣等高层需求。

② 文学故事的内容可以虚构或修正真实内容。

③ 文学故事的生成过程是文学创作过程，具有文学性和艺术性强、与业务导向性不显著的特点。

④ 文学故事具有信息传递的单向性、受众范围较为广泛、故事生命期较长等特点。

数据故事化的本质是数据产品开发，所以数据故事的主要特点如下。

① 数据故事需满足特定业务的实际需求，与业务耦合度高，具有业务导向性的特点。

② 数据故事的内容必须建立在真实的业务数据上，故事内容可以脱敏但不能虚构，具有数据驱动和以数据为中心的特点。

③ 数据故事的研发过程通常采用数据分析、自动化建模和叙述技术，是一项严谨的系统工程，具有技术性和工程性的特点。

④ 数据故事的受众为业务及其利益相关者，具有受众范围相对专一且重视与受众互动的特点。

⑤ 数据故事的有效性取决于对应业务或项目的有效期，通常其生命期较短。

数据故事与文学故事的对比如表 2-2 所示。

表 2-2　数据故事与文学故事的对比

	数据故事	文学故事
动机	面向具体业务需求，动机具有专一性	脱离于具体业务，动机具有通用性
内容	忠于原始数据，不能虚构	可以没有数据依据，也可以虚构
依据	基于数据分析，数据故事化是分析过程	基于想象力和创造力，文学故事化是创造过程
生成技术	自动化技术	人类创作
生成过程	数据→分析模型→故事模型→叙事模型→故事叙述	灵感→叙事模型→故事叙述
理论基础	数据科学、信息图、认知科学、意义构建理论	文学、宗教、哲学、民俗等
与可视化的关系	数据可视化是数据故事化叙述的重要补充手段	数据可视化是文学故事的衍生产品
受众范围	较为专一，离开具体受众不具备可读性	较为广泛，故事对不同受众均有较强的可读性
与受众交互	双向互动	单向传播
生命期	较短	较长

1. 动机

数据故事的动机是满足具体的业务需求，具有显著的业务导向性，是为具体业务服务的，其目的为开发数据产品。但是，文学故事化的动机往往是脱离具体业务的，往往以教育、娱乐、记事和消遣为主要目的。

2. 内容

数据故事是以真实的业务数据为依据和来源的，数据故事化过程必须遵循"忠于原始数据"的原则。然而，文学故事化通常没有此限制，故事内容可以虚构。

3. 依据

数据故事化是在数据分析的基础上进行的，常用的数据分析方法有描述性分析、诊断性分析、预测性分析和规范性分析。此外，在大数据的故事化中，探索性分析也是常用方法之一。然而，文学故事化常用的方法以主观方法为主，多数基于想象力和创造力。

4. 生成技术

数据故事化主要采用自动化技术，通过数据分析方法依次将数据转换为分析模型、故事模型和叙述模型，并根据业务需要和目标受众的特点选择不同的故事叙述技术，如自然语言生成与文语转换（Text-To-Speech）、可视化与 VizQL 技术、富媒体、人机交互、虚拟现实与增强现实。然而，文学故事的生成主要以人工创作方法为主。

5. 生成过程

数据故事化的生成是较为复杂的工程，需要对数据进行"数据理解－明确目的－了解受众－数据加工－故事建模－叙述与交互－持续改进"等过程。其中，数据故事化的模型有三种，即分析模型、叙事模型和互动模型。然而，文学故事的生成是较为简单的创造，仅包括叙事模型，一般不会涉及分析模型和互动模型。

6. 理论基础

数据故事化的理论基础是数据科学、信息图、认知科学、意义构建理论，具有科学性和技术性。但是，文学故事化的理论基础是文学、宗教、哲学和民俗等，具有文学性和艺术性。

7. 与可视化的关系

数据故事化是数据可视化的一个补充手段，用于弥补数据可视化在数据认知和数据记忆方面的不足。但是，在文学故事化中，可视化主要作为故事叙述的一个辅助手段应用，通常作为故事的插图或故事的衍生产品形式出现。

8. 受众范围

数据故事的受众是明确的，具有专一性，即对应业务的干系人。因此，数据故事离开了具体业务，不具有可读性。然而，文学故事的受众具有广泛性和通用性，不受业务的限制，可以跨越不同的业务、机构、地区和国家。

9. 与受众的互动程度

数据故事中特别强调与受众的互动，通过互动方式提升数据故事及其数据产品的用户体验。因此，数据故事中，叙述者和受众之间是双向交流的，受众需要参与到叙述者的叙事活动之中。与此不同，在文学故事中，叙述者和受众之间的信息传递是单向的，受众很难也没有必要参与到叙述者的故事叙事活动之中。

10. 生命期长度

数据故事的生命期较短，具有临时性，往往受到相关业务的限制。当业务结束时，对应数据故事也将失去了意义。然而，文学故事的生命期更长，可以脱离于业务，长时间存在，具有更长久的生命期。

2.3 数据故事的认知模型

人的大脑（以下简称"大脑"）对数据和故事的认知原理并不相同。相对于数据，故事对大脑产生的作用更为深刻。研究发现，当人们遇到数据时，其大脑的两个区域会被激活并做出反应——韦尼克区域（负责语言理解）和布罗卡斯区域（负责语言处理）。但是，当遇到故事时，除了上述区域，还会激活大脑的另外五个区域做出反应，包括：视觉皮层（负责颜色和形状处理）、嗅觉皮层（负责气味的处理）、听觉皮层（负责声音的处理）、运动皮层（负责移动（或动作）的处理）、感觉皮层和小脑（负责语言的理解），如图 2-7 所示。

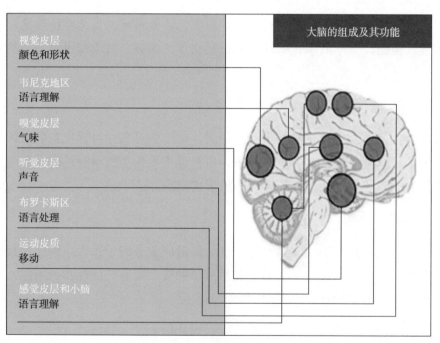

图 2-7 故事与大脑
（来源：Ryan L.，2018）

如何将数据转换为受众的行动是数据故事叙述者最终目的。根据数据故事对受众产生的影响的层次和过程，数据故事叙述在目标受众的产生影响的过程可以分为三个主要阶段：感知（Perception）—认知（Cognition）—行动（Action），为了方便记忆，可称为数据故事认知的 PCA 模型，如图 2-8 所示。

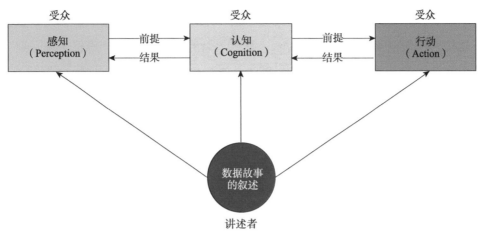

图 2-8　数据故事认知的 PCA 模型

2.3.1　数据故事的感知

数据故事的感知是叙述者的故事化叙述通过视觉感觉器官（耳朵、眼睛等）在人脑中产生直接反映的过程。其中，人的视觉感觉系统较为发达，视觉感知速度和效果高于语言感知系统。视觉突出现象的存在也证明了人类视觉感知系统的优势。因此，可视化方法经常作为数据故事的叙述手段。

数据故事的感知是产生故事认知的前提条件。因此，如何影响目标受众的感知是数据故事叙述者需要做到最基本的要求。故事感知要求数据故事的设计和叙述过程必须引人入胜，抓住受众的注意力，让受众在情感上产生共鸣。

2.3.2　数据故事的认知

数据故事的认知是受众对故事化感知信息的进一步加工处理过程，包括故事信息的抽取、转换、存储、简化、合并、理解和决策等加工活动。故事认知是产生故事感知后，对故事内容的进一步加工处理的过程。

数据故事的认知是数据故事认知的 PCA 模型的关键环节，是受众的感知与行动的桥梁。数据故事的认知是感知的结果，也是目标受众的行动的前提。当数据故事对目标受众的认知产生影响时，目标受众将采取数据故事叙述者所期待的行动。

2.3.3　数据故事的行动

数据故事的行动是受众在倾听数据故事后采取的行动。与文学故事不同，数据故事的叙述动机往往是满足具体的业务需求，具有显著的业务导向性。也就是说，数据故事的创造和叙述是为具体业务服务的，目的是开发数据产品。

数据故事的行动是数据故事认知的 PCA 模型的最终结果。根据受众的行动与故事叙述者之间的相关性，数据故事的行动可以分为正相关的行动、负相关的行动和无关行动三类。数据故事的叙述者不仅需要提高故事行动的正相关性，也需要避免负相关性行动的出现。

2.4　数据故事的应用

2.4.1　解决数据科学的"最后一公里"问题

通常，数据故事化应用于数据科学项目的"最后一公里"——将数据分析结果呈现给目标受众。因此，数据故事化是数据分析的下一步，是将数据分析的结果以较为用户友好的方式呈现给目标受众。

Martin Krzywinski 和 Alberto Cairo 于 2013 年在 *Nature Methods* 发表了题为"Storytelling"的文章，采用数据故事化方法呈现了癌症与吸烟之间的关系（如图 2-9 所示），提高了数据分析结果的呈现和解释的效果和效率。

该故事从一个有趣的冲突开始——癌症发病率在上升，死亡率却在下降。该故事的主要冲突在于，多数受众可能认为其主要原因是诊断和治疗方法的改进，但故事内容将反比关系与吸烟习惯的变化联系起来，这让受众感到惊讶。图 2-9 的前两个面板提供了理解这种情节转折所需的背景。选择垂直比例表是为了强调男性的总体癌症死亡率与肺癌死亡率的相似性。

使用多个面板来建立流程，在面向普通受众叙述时使用口语化的语言。淡化显示轴和网格可以使受众保持对数据趋势的关注。始终保持数据的准确性，但要平衡定性和定量论述。偶尔的切线（面板 4 中的成人与青年比率）为演示文稿增加了质感，而不会淡化信息。确保图表和面板标题与期刊风格一致。

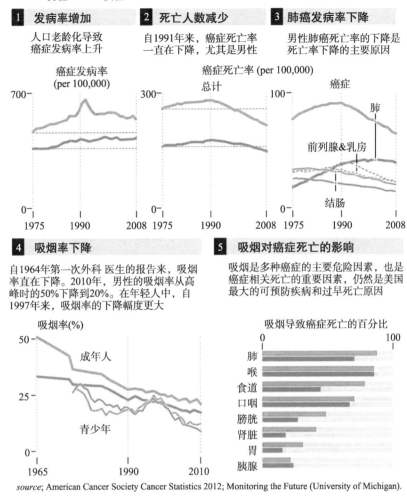

哪里有烟——哪里就有癌症

癌症发病率上升，但死亡率下降。新的诊断和治疗方法是这一趋势的部分因。
但最大的单一因素是吸烟率的下降-吸烟率处于50年来的最低水平

—— 男性 —— 女性

1 发病率增加

人口老龄化导致
癌症发病率上升

癌症发病率
(per 100,000)

2 死亡人数减少

自1991年来，癌症死亡率
一直在下降，尤其是男性

癌症死亡率 (per 100,000)
总计

3 肺癌发病率下降

男性肺癌死亡率的下降是
死亡率下降的主要原因

癌症
肺
前列腺&乳房
结肠

4 吸烟率下降

自1964年第一次外科 医生的报告来，吸烟
率直在下降。2010年，男性的吸烟率从高
峰时的50%下降到20%。在年轻人中，自
1997年来，吸烟率的下降幅度更大

吸烟率(%)
成年人
青少年

5 吸烟对癌症死亡的影响

吸烟是多种癌症的主要危险因素，也是
癌症相关死亡的重要因素，仍然是美国
最大的可预防疾病和过早死亡原因

吸烟导致癌症死亡的百分比

肺
喉
食道
口咽
膀胱
肾脏
胃
胰腺

source; American Cancer Society Cancer Statistics 2012; Monitoring the Future (University of Michigan).

图 2-9　癌症与吸烟之间的关系
（来源：Krzywinski M. Cairo，2013）

2.4.2　提升数据的可认知和可记忆能力

如何从数据尤其是大数据中发现有价值的洞见是数据故事化的主要应用场景之一。

例如，可视故事化经典案例——牛仔裤之旅（Journey of Jeans）如图 2-10 所示，是
由 Andrew Brooks 和 Katelyn Toth-Fejel 结合 Andrew 编写的图书《Clothing poverty: The
hidden world of fast fashion and second-hand clothes》中的数据分析采用可视故事化方式，
进行了如下叙事。

图 2-10　牛仔裤之旅
（图片来源：katelyntothfejel 网站）

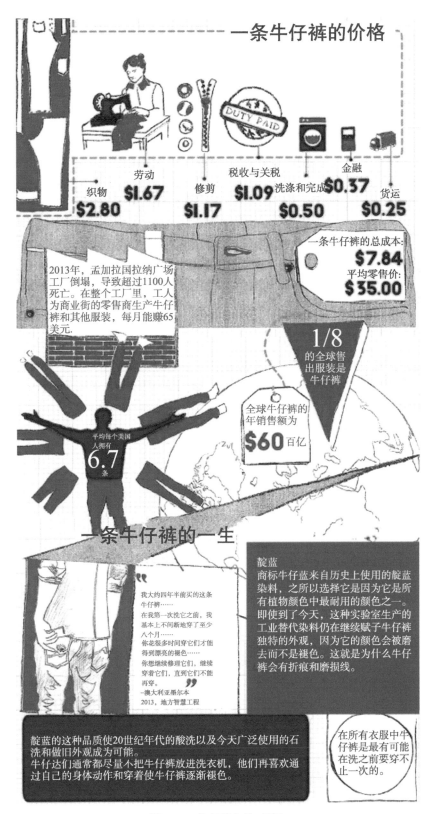

图 2-10　牛仔裤之旅（续）

（图片来源：katelyntothfejel 网站）

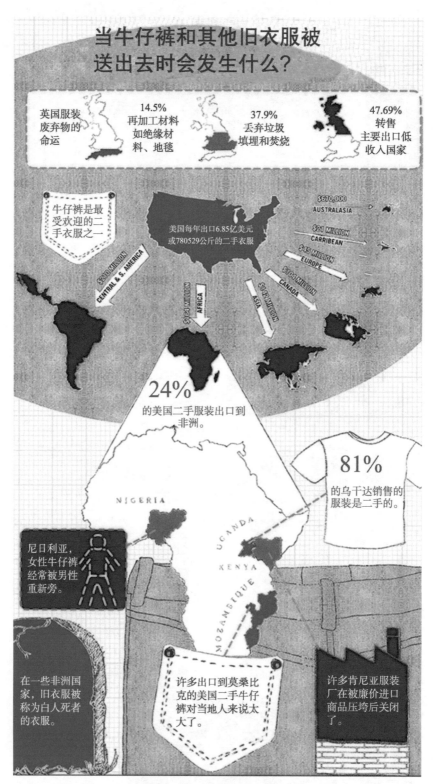

图 2-10　牛仔裤之旅（续）

（图片来源：katelyntothfejel 网站）

- 以"牛仔裤的历史"为主题叙述了牛仔裤的起源和流行史,并叙述了牛仔裤的原料——棉花的种植、包装和运输带来的水污染。
- 以"一条牛仔裤的价格"为主题分解了牛仔裤中的原料、人员、税收和灌水、洗涤、金融和货运成本,以及平均零售价。
- 以"一条牛仔裤的一生"为主题叙述了为什么牛仔裤通常是湛蓝色,并叙述了牛仔裤的特点——在所有衣服中,牛仔裤最可能是在洗之前要穿不只一次的衣服。
- 以"牛仔裤是最受欢迎的二手衣服之一"为主题叙述了在英国废弃的牛仔裤的销售去向以及非洲国家的牛仔裤中二手牛仔裤的占比。

可见,数据故事"牛仔裤之旅"的主要亮点如下。

① 可视故事化。该数据故事主要采用了可视化方式讲故事,是可视故事化的案例。

② 简单有效。符合故事的篇幅较短的特点。

③ 客观真实。该数据故事坚持用数据说话的理念,体现了数据故事的客观性。其故事内容并不是在简单的数据采集和原始数据的基础上进行的,而是以原始数据的分析和洞察为基础进行的,如牛仔裤的价格组成、二手牛仔裤的销售、非洲国家的二手牛仔裤市场数据均需要进行数据分析。

④ 细节的吸引力。本故事中提供了大量的引人入胜、难以忘记的细节,如81%的乌干达销售的牛仔裤是二手的。

2.4.3 推动"数据—洞见—行动"的转换

数据故事化不仅可以支持从数据中获取有价值的洞见,还可以将数据洞见进一步转化为用户行动。再如,以介绍皮靴为例(如图2-11所示),可以分别用数据(事实)和故事两种不同版本来描述,但对于多数人而言,故事版本会更加令人难忘、更有说服力、更容易被重述,而且更容易变成用户行为(如购买行为)。

> 几千年来,人类说服他人的首选方式始终没有变化——讲故事。很多人以为议论文才是说服他人的最好模式,其实故事在说服他人中的应用更为普遍。

2.4.4 数据新闻及数据产品开发

数据故事将成为包括数据新闻在内的数据产品的重要技术手段。根据《路透社》新

事实

vs.

- 享受退换货保障
- 防水橡胶靴底
- 舒适的全粒面皮革
- 配有钢柄增加支撑
- 防滑的链状纹路橡胶外底
- 工匠工艺
- 贴合脚型，舒适稳定

为了让户外打猎时保持双脚不湿和舒适，L.L.Bean 的创始人 LeonLeonwoodBean 将防水橡胶靴缝到了皮革靴面上，设计出了一款适合户外打猎的新靴——鸭靴。但是，首批出售鸭靴的橡胶和皮革拼接处脱落时，L.L.Bean 为客户办理了退款。之后，经过长期的设计改进，鸭靴质量得以保障，并一直被户外人士所喜爱。

哪一个版本更为：

- 令人难忘?
- 可能改变你的想法?
- 有说服力?
- 可能会被重述?

图 2-11 数据与故事的对比——以介绍皮靴为例
（Aaker, D, & Aaker, J L，2016）

闻研究所 2018 年的一份报告，在全球范围内，对近 200 名顶级编辑、首席执行官和数字领导者的调查显示，近 3/4 的受访者已经在使用人工智能。数据故事是人工智能技术在数据新闻和数据产品开发中的应用的主要实现手段。根据《纽约时报》的报道，截至 2019 年 2 月，彭博新闻（Bloomberg News）发布的 1/3 左右的内容已经使用某种形式的自动化技术。该公司使用自动化编写新闻工具 Cyborg，能够帮助记者在每个季度撰写数千篇关于公司收益报告的文章。

近年来，计算机自动生成的新闻或计算机辅助生成的新闻成为数据新闻的主要趋势之一。图 2-12 对比了人类撰写的 Fox 新闻与基于语言模型 GPT2 自动生成的 Monok 新闻，其中红色和紫色更多，更人性化。

人类撰写的新闻（Fox新闻）

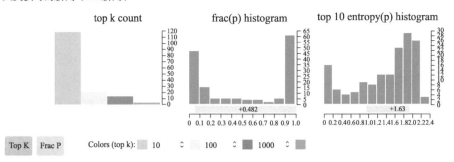

Israel moves to name Golan settlement after Trump
RAMAT TRUMP, Golan Heights - The Trump name graces apartment towers, hotels and golf courses. Now it is the namesake of a tiny Jewish settlement in the Israeli-controlled Golan Heights.
Israeli Prime Minister Benjamin Netanyahu's Cabinet convened in this hamlet Sunday to announce the inauguration of a new settlement named after President Donald Trump.
The settlement will be known as "Ramat Trump," or Trump Heights. Israel hopes the community, first built in the 1980 s, will attract a wave of people to what is currently little more than an isolated outpost with just 10 residents.
The decision comes just over two months after the U.S. leader recognized Israeli sovereignty over the territory.

基于GPT-2自动生成的新闻（Monok新闻）

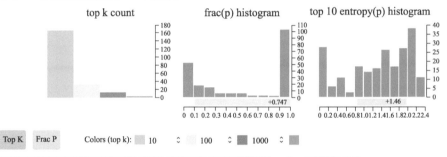

Netanyahu unveils 'Trump Heights' in the Golan Heights as critics slam move as PR stunt
The Trump name adorns apartment towers, hotels and golf courses.
In March the United States became the first country to recognise Israel's sovereignty over the Golan Heights, breaking decades of US policy and international agreements that regarded the occupied territory as occult.
Israel has occupied the Golan Heights since the 1967 Arab-Israeli war, and in 1981 passed a law that the Israeli government applied to the territory, a move that was rejected by much of the international community at the time.
Israel captured the Golan Heights from Syria in the 1967 Mideast war and annexed them to Israel in 1981.
Syria has called for a return of territory
The move has been seen as both a nod to his conservative Christian supporters and a boost to Israeli Prime Minister

图 2-12　人类撰写的新闻与基于 GPT-2 自动生成的新闻的对比
（图片来源：Anya Belz，2019）

小　结

本章主要讲解了"数据故事"的内涵和外延，对于继续学习数据故事的基础理论、主要方法和关键技术具有重要意义。

首先，以回答如何定义"数据故事"术语为中心，探讨了数据与故事的内在联系、数据故事及数据故事化的定义、数据故事化的类别（如数据驱动型故事化、可视故事化、分析型故事化、交互式故事化和用数据讲故事等）。其中，重点讲解了数据故事的金字塔模型和数据故事的 EEE 作用。

其次，以数据故事与文学故事的区别为抓手，讲解了数据故事的特征。数据故事与文学故事的区别主要体现在其动机、内容、依据、生成技术、生成过程、理论基础、与可视化的关系、受众范围、与受众交互受众交互情况/方向、生命期等 10 方面。

再次，以人的大脑对数据和故事的不同认知原理为基础，分析了数据故事认知的 PCA 模型——感知（Perception）、认知（Cognition）和行动（Action）模型。

最后，结合癌症与吸烟之间的关系、牛仔裤之旅（Journey of Jeans）、皮靴促销的数据和故事版本的对比、人类撰写的新闻与基于 GPT-2 自动生成的新闻的对比等经典案例，描述了数据故事的应用场景，包括解决数据科学的"最后一公里"问题、提升数据的可认知和可记忆性、推动"数据－洞见－行动"的转换、数据新闻及数据产品的开发。

建议读者在掌握上述基本知识的基础上，亲自调研相关文献及研发项目，尤其是继续阅读参考文献，纠正自己对数据故事的曲解，正确理解数据故事的定义及特征，深入了解数据故事的认知机理和主要应用场景，为更好地学习后续章节奠定基础。

思 考 题

1. 数据故事是什么？
2. 简述数据故事的金字塔模型。
3. 分析数据故事化、数据驱动型故事化、可视故事化、分析型故事化、交互式故事化和用数据讲故事等概念的区别与联系。
4. 简述数据故事的 EEE 作用。
5. 分析数据故事与文学故事的区别。
6. 选择一则具体数据故事，解释数据故事认知的 PCA 模型。
7. 简述数据故事的主要特征。
8. 调查分析数据故事的应用现状、存在问题及发展趋势。

第二篇

理 论 篇

Blockchain

第 3 章
数据故事化的基础理论

DS

数据是客观存在，数据故事化是主观地叙述客观数据的过程。

——朝乐门

不要给你的受众 4，而是 2+2。（Don't give them four, give them two plus two.）

——Andrew Stanton（著名导演、编剧）

数据故事化并非一个空洞的领域，其实国内外专家学者在数据故事化领域开展了大量的实质性探索，并取得了较为丰富的研究积累。为此，本章将重点讲解数据故事化领域的基础理论，包括：数据故事的要素，数据故事化的原则，数据故事化的流程，数据故事化的模型，数据故事的叙述方法。

3.1 数据故事的要素

数据故事主要由 7 种核心要素组成：需求、人物、情境、情节、冲突、解决方案以及下一步行动，如图 3-1 所示。其中，冲突是数据故事的核心要素，其他要素需由冲突相互建立联系。

图 3-1 数据故事的组成要素

（1）需求

需求是指数据故事化的动因、目标以及需要解决的问题。数据故事化是一种业务导向的分析建模活动，满足业务需求是数据故事化的最终目的。从业务需求看，数据故事化的需求可以分为 8 类：描述、推荐、解释、调查、探索、说服、教育和娱乐。

（2）人物

人物是指数据故事中涉及的人和物。数据故事中的人物并不是仅限于主人公，也不限定为人类。数据故事中的人物可以分为正面人物和反面人物、主角色和配角色，在数据故事化中发挥各自的重要作用。

（3）情境

情境（context）是指故事发生的业务情境、周边环境和就绪状态。数据故事的情境既可以是数据故事的真实情境，也可以是目标受众熟悉的或者与目标受众相关的映射情境，还可以是创作者自己想象和设计出来的虚构情境。

> 内容为王，但情境才是神。（Content is king, but context is God.）
>
> ——Gary Vaynerchuk（著名社交媒体作家）

（4）情节

故事的发展和演化过程。数据故事的情节要有一定的曲折性，充满主要冲突与矛盾，故事情节的热度变化一般分为升温期、高潮期、降温期和恒温期四个阶段。

（5）冲突

冲突是指数据故事中的人物所面临的冲突和矛盾。冲突和矛盾是数据故事的核心，数据故事的人物选择和情节设计均围绕冲突或矛盾进行。同一个数据故事可以包含多种冲突和（或）矛盾。

（6）解决方案

解决方案是指数据故事中对冲突和矛盾的最终解决方案。

（7）下一步行动

与一般解决方案不同，数据故事的解决方案需要设置一定的"留白"，激发目标受众的认知活动，进而将目标受众的认知改变为行动，达到数据故事化的最终目的——满足业务需求。

3.2 数据故事化的原则

数据故事化的描述应遵循以下基本原则（如表 3-1 所示）。

表 3-1 数据故事化的原则

原则	应 该	不 应 该
忠于原始数据原则	忠于原始数据的前提下，生动地叙述故事	为了故事的生动性，扭曲或捏造原始数据
设定共同情景原则	设定与目标受众相同或相似情景	受众在故事中仅仅看到了自己，而没有看到你带来的新信息或知识
体验式叙述原则	确保在故事中嵌入了叙述者自己亲身的经历、知识和思考，设置一些与目标受众的交互环节	在故事中，既看不到叙述人，也不涉及受众
个性化定制原则	故事情景的选择及叙述方式应根据目标受众的知识能力、兴趣爱好、利益焦点来决定	一个故事走天下，目标受众根本"不感兴趣"甚至"听不懂"你讲的故事
有效性利用原则	在论证故事化描述方法的适用性和有效性的前提下进行数据的故事化描述	只要看到数据，就想讲一个故事
3C 原则	将 3C 原则融入数据的故事化描述工作，实现数据故事化描述的增值	数据故事化的过于死板或乏味，缺乏吸引力

1. KISS 原则

KISS（Keep It Simple, Stupid）原则的本质是，一个简单（simple）的数据故事比一个复杂的数据故事要好，即使看起来很愚蠢（stupid）。

著名的 Hicks 法则（Hick's Law）是 KISS 原则的一个重要补充。

Hicks 法则（Hick's Law）：用户在做决定时所需的时间与选项梳理有关，如图 3-3 所示。

$$RT = a + b \times \log 2^n$$

其中，RT 为做决定所需的时间，a 为与做决定无关的总时间，b 为对选项认知的处理时间常数，n 为选项数量。

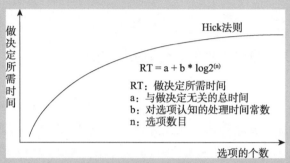

图 3-3　Hicks's 法则曲线

例如，在使用如图 3-4 所示的两种遥控器时，多数用户做决定所需要时间有所不同，当使用按键较多的遥控器时，做决定所需的时间会更长。

图 3-4　Hicks's 法则案例
（图片来源：Aryan Indraksh，2020）

2. 忠于原始数据原则

数据的可视化必须忠于原始数据，不得扭曲或捏造数据。也就是说，在数据的故事化描述过程中，不得"以提升故事化描述的生动性为借口"，扭曲原始数据，甚至捏造原始数据。因此，数据故事化描述的前提是"理解原始数据"，只有正确理解原始数据，才能达到"忠于数据的目的"。

3. 设定共同情景原则

在数据故事化的描述过程中，叙述者尽量与目标受众共享相同或相似的情景，将故事内容与受众的经验和知识关联起来，进而达到与受众共鸣的目的。

注意，叙述者应避免因过于追求"共同情景"，而导致"受众在故事中仅仅看到了叙述人，找不到新信息和知识"。因此，在数据故事化描述前需要"了解目标受众"。只有真正了解目标受众，与受众产生共鸣，才能达到与目标受众共享相同或相似情景的目的。

4. 体验式叙述原则

数据故事化的过程尽量用第一人称或第二人称表达，确保在故事中嵌入叙述者亲身的经历、知识和思考，设置一些与目标受众的"交互环节"，避免故事内容"既看不到叙述人，也不涉及受众"。

5. 个性化定制原则

故事情景的选择及叙述方式应根据目标受众的知识能力、兴趣爱好、利益焦点来决定，避免由于"一则故事走天下"而导致目标受众对故事"不感兴趣"甚至"听不懂"的情况出现。

6. 有效性利用原则

有时，故事化描述并不一定为最有效的数据表达方式。在故事化描述前，数据科学家需要进行不同数据表达（如可视化表达、故事化描述等）的预期效果进行对比和分析，在原始数据和目标受众已确定的条件下，应该论证故事化描述方法的适用性和有效性。必要时，应综合运用数据的可视化表达与故事化描述方法等不同方法，达到数据故事化表达的最终目的。

7. 3C 原则

数据故事的创作者和叙述者应将 3C 原则（创造性设计、好奇性提问、批判性思考，如图 3-4 所示）融入数据的故事化描述工作，实现数据故事化描述的增值，避免数据故事化的枯燥乏味。

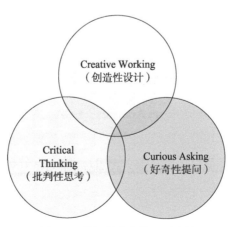

图 3-4　数据故事化的 3C 原则

（1）创造性设计（Creative Working）

创造性设计是数据故事化的关键。数据故事化需要从数据中发现洞见，并将洞见转化为目标受众的行动，进而达到数据故事化的目的。然而，这一过程需要有故事创作者的创造性设计，尤其是数据分析和分析结果的解释活动需要有创新思维。此外，数据故事叙述者有时需要对数据故事的故事模型进行二次创新，以实现数据故事的个性化叙述目的。

（2）好奇性提问（Curious Asking）

数据故事的设计者和叙述者需要换位思考，从受众视角不断提出有价值的提问，提高数据故事的3E作用——吸引（Engage）、解释（Explain）和启发（Enlighten）。

（3）批判性思考（Critical Thinking）

数据故事的设计和叙述过程中需要进行批判性思考，检查数据故事内容中存在的前后不一致性，判断数据故事要素的完整性，识别数据故事中存在的偏见，确保数据故事的完整、客观及公平。

3.3　数据故事化的流程

通常，数据故事化的基本流程包括理解数据、明确目的、了解受众、识别关键数据、数据故事的建模、叙述与互动等关键活动，如图3-6所示。

3.3.1　数据理解

数据理解是数据故事化的第一步，其本质是数据分析。数据理解也是数据故事与文学故事的主要区别之一。在数据故事化中，常用于数据理解的方法有四种：描述性分析、预测性分析、诊断性分析、规范性分析。

在进行上述四种数据分析的基础上，需要进一步进行探索性数据分析，以便达到更好地理解数据的目的。

探索性数据分析（Exploratory Data Analysis，EDA）是指对已有的数据（特别是调查或观察得来的原始数据）在尽量少的先验假定下进行探索，并通过作图、制表、方程拟合、计算特征量等手段探索数据的结构和规律的一种数据分析方法。

探索性数据分析主要关注的是以下4个主题。

（1）耐抗性分析

耐抗性（Resistance）是指对于数据的局部不良行为的非敏感性，是探索性分析追求

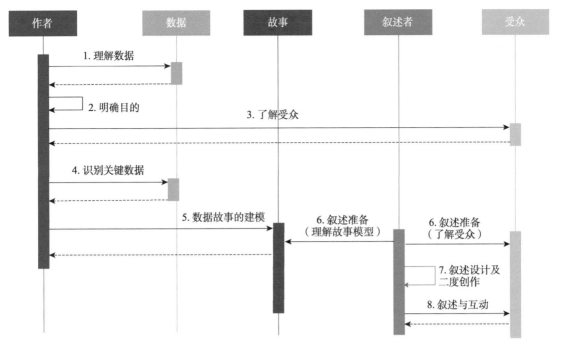

图 3-6　数据故事化的基本流程

的主要目标之一。对于具有耐抗性的分析结果，当数据的一小部分被新的数据代替时，即使它们与原来的数值差别很大，分析结果也只会有轻微的改变。数据科学家重视耐抗性的主要原因在于"好"数据也难免有差错甚至重大差错。因此，数据分析时要有预防大错的破坏性影响的措施。由于强调数据分析的耐抗性，探索性数据分析的结果具有较强的耐抗性。例如，中位数平滑是一种耐抗技术，而中位数（Median）是高耐抗性统计量之一。探索性数据分析中常用的耐抗性分析统计量可以分为集中趋势、离散程度、分布状态和频度等4类，如表3-2～表3-4所示。

（2）残差分析

残差（Residuals）是指数据减去一个总括统计量或模型拟合值时的残余部分，即：

$$残差 = 观察值-拟合值$$

如果对数据集 Y 进行分析后得到拟合函数 $\hat{y} = a + bx$，那么在 x_i 处对应两个值，即观察值 y_i 和拟合值 $\hat{y}_i$。因此，x_i 处的残差 $e_i = y_i - \hat{y}_i$ 如图 3-7 所示。

表 3-2　集中趋势统计量

统计量	含　义
众数（Mode）	一组数据中出现最多的变量值
中位数（Median）	一组数据排序后处于中间位置的变量值
四分位数（Quartile）	一组数据排序后处于 25% 和 75% 位置上的值
和（Sum）	一组数据相加后得到的值
平均值（Mean）	一组数据相加后除以数据的个数得到的值

表3-3　离散程度统计量

统计量	含　义
极差（Range）	一组数据的最大值与最小值之差
标准差（Standard deviation）	描述变量相对于均值的扰动程度，即数据相对于均值的离散程度
方差（Variance）	标准差的平方
极小值（Minimum）	某变量所有取值的最小值
极大值（Maximum）	某变量所有取值的最大值

表3-4　分布状态统计量

统计量	含　义
偏态（Skewness）	描述数据分布的对称性。当"偏态系数"等于 0 时，对应数据的分布为对称，否则分布为非对称
峰态（Kurtosis）	描述数据分布的平峰或尖峰程度。当"峰态系数"等于 0 时，数据分布为标准正态分布，否则比正态分布更平或更尖

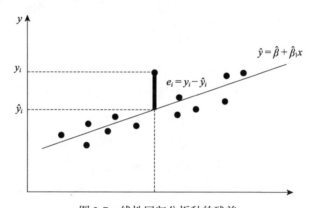

图 3-7　线性回归分析种的残差

（3）重新表达

重新表达（Re-expression），也称为变换（Transformation），是指找到合适的尺度或数据表达方式并进行转换，使数据有利于简化分析。

探索性数据分析强调，应尽早考虑数据的原始尺度是否合适的问题。如果尺度不合适，那么重新表达成另一个尺度可能更有助于促进对称性、变异恒定性、关系直线性或效应的可加性等。

例如，对于一批数据 $x_1, x_2, \cdots, x_n$ ，其变换是一个函数 T，重新表达是把每个 x_i 用新值 $T(x_i)$ 来代替，使得变换后的数据值是 $T(x_1), T(x_2), \cdots, T(x_n)$ 。

（4）启示

启示（Revelation）是指通过探索性分析，发现新的规律、问题和启迪，进而满足数据加工和数据分析的需要。

此外，很多数据工作者习惯采用统计学方法和机器学习方法进行数据理解，而忽略数据可视化在数据理解中的重要意义。

以 Anscombe 的四组数据（Anscombe's Quartet）为例，统计学家 F.J. Anscombe 于 1973 年提出了四组统计特征基本相同的数据集，从统计学角度难以找出其区别，但可视化后很容易找出它们的区别（见图 4-46）。

3.3.2 明确目的

明确目的是数据故事化的前提条件之一。数据故事化要有明确的目的，而目的往往由数据故事的作者或数据故事化项目的委托方决定。数据故事化的目的可以从认知和作用两个维度进行分析，如图 3-8 所示。

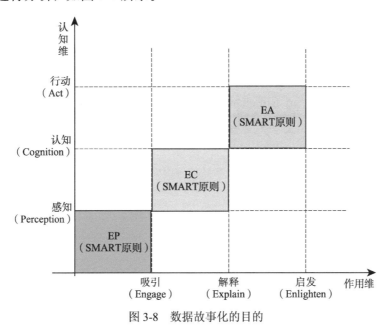

图 3-8 数据故事化的目的

① 认知维：数据故事对目标受众的认知的影响，分为三个层级，由弱至强依次为感知、认知和行动。

② 作用维：数据故事的叙述者的主要动机，分为三个层级，自底向上依次为吸引、解释和启发。

由图 3-8 可知，数据故事化的主要目的可以分为三类：吸引&感知（Engage & Perception，EP）、解释&认知（Explain & Cognition，EC）、启发&行动（Enlighten & Act，EA）。

在具体工作中，数据故事的目标确定需要分两个步骤进行。

① 选择数据故事化目标的类型及层次，即吸引&感知（EP）、解释&认知（EC）、启发&行动（EA）。

② 具体化数据故事化目标的类型及层次，即引入 SMART 原则，确保数据故事化目的的具体（Specific）、可测量（Measurable）、可实现（Attainable）、其他目标具有相关性（Relevant）和明确的截止期限（Time-bound）。

在实际工作中，数据故事化项目应聚焦于有限目标。

有限目标是数据故事化中必须引起重视的问题。

3.3.3 了解受众

了解受众是数据故事化的另一个前提条件。数据故事化实际上也是数据价值的传递及再增值的过程，数据分析的结果最终都要传达给特定的受众，由受众与自己的业务整合后，采取进一步的行动。因此，数据故事化的作者需要根据受众的业务范围、知识背景、能力和目的设定相应的故事背景，定制不同的数据故事，以达到数据故事化的目的。

戴尔公司执行策略师 Jim Stikeleather（2013）将受众分为 5 种类型：新手、通才、管理层、专家和执行官，如图 3-9 所示。

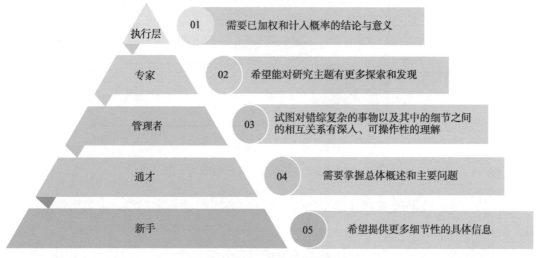

图 3-9 数据故事化的受众类型

- 新手（Novice）：第一次接触相关话题，希望提供更多细节性的具体信息。
- 通才（Generalist）：对当前的业务主题有一定的了解，但需掌握总体概述和主要问题。
- 管理者（Managerial）：试图对错综复杂的事物以及其中的细节之间的相互关系有深入、可操作性的理解。
- 专家（Expert）：希望能对研究主题有更多的探索和发现，而不是过多地讲细节。

● 执行官（Executive）：只需知道已加权和计入概率的结论与意义。

对每个受众进行细分，在了解了受众的需求之后，针对不同的受众采取不同的叙述数据故事的方式和内容，避免过于泛化，这样才能让受众准确理解数据的价值并与之产生共鸣。

3.3.4　识别关键数据

识别关键数据是数据故事化中不可忽略的必要活动。当前数据故事的作者可接触到的数据是海量的，从这些海量数据中可以分析得到大量不同的结果，但过于冗余的数据往往会分散受众的注意力，无法从中提取出最有效的信息。为避免繁杂无序的信息为受众带来困扰，数据的故事化要求突出显示最重要的内容。而确定这些关键数据需要注意以下问题：

● 数据的客观性和有效性。
● 与受众业务主题直接相关。
● 与要传达的意图直接相关。
● 不流于表面，数据背后蕴含着更深层意义的价值，可以解释某种现象的原因或揭示接下来的发展趋势。

3.3.5　数据故事的建模

数据故事的建模是数据故事化的关键活动。故事模型是故事创作者和故事讲述者之间的桥梁。在理解数据、明确数据故事化的目的、了解目标受众、识别关键数据等活动后，需要对数据故事进行建模。数据故事的建模关键在于确定数据故事的组成要素、建立及测试要素之间的内在联系、确定不同故事之间的联系，如图 3-10 所示。

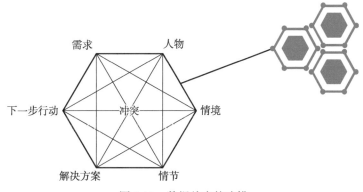

图 3-10　数据故事的建模

（1）数据故事要素的识别

数据故事要素的识别就是识别数据故事的 7 个基本要素，如需求、人物、情境、情节、冲突、解决方案以及下一步行动。

（2）同一个数据故事要素之间的内在联系的建立及测试

同一个数据故事要素之间的内在联系的建立及测试是指以冲突为抓手，将数据故事的其他 6 种要素组织起来，分析其中的内在联系，测试要素之间的一致性。

（3）不同数据故事之间联系的建立

不同数据故事之间联系的建立包括故事要素之间的交叉、重复和包含关系，通过领域本体和语义 Web 技术，对不同数据故事之间的语义联系进行形式化描述。

3.3.6 叙述准备

数据故事叙述不仅需要对数据故事模型的理解，还需要进一步明确目标受众的特点，进而提升数据故事的叙述效果。因此，数据故事的叙述需要做好如下两种准备。

（1）理解故事模型

故事叙述者需要理解数据故事模型的组成要素及其内在联系，包括数据故事的需求、人物、情境、情节、冲突、解决方案、下一步行动及其内在联系。在此基础上，数据故事的叙述者还需要调查了解叙述对象及相关数据故事之间的联系，避免针对不同受众讲述雷同故事。

（2）了解目标受众

数据故事的设计者对目标受众的了解通常是粗粒度的，通常以目标受众的类型为单位，如新手、通才、管理层、专家和执行官等。因此，数据故事的叙述者需要结合故事模型，进一步了解故事叙述的目标受众，以提高故事叙述的个性化和效果。相对于数据故事的创作者，数据故事的叙述者对目标受众的了解更为具体，对目标受众的理解通常是细粒度的，如表 3-5 所示。

表 3-5 故事叙述者和故事作者对目标受众的了解

内　容	数据故事的作者	数据故事的叙述者
目的	数据故事的建模	数据故事的叙述
粒度	粗粒度	细粒度
侧重点	侧重目标受众的共性特点与共性需求	侧重目标受众的个性特点与个性需求

数据故事的创作者与叙述者之间的角色分离的重要意义

数据故事的创作者涉及两类人才：一种是数据模型的设计者（数据故事的作者），另一种是数据故事的呈现者（数据故事的叙述者），分别负责从数据到故事模型和从数据模型到故事呈现的工作。

在实际项目中，数据故事的创作者和叙述者可以是同一个主体，也可以是不同的主体。当然，数据故事的创作者或叙述者可以是一个人，也可以是一个团队。

数据故事的创作者与叙述者之间的角色分离是数据故事化的工程化实现的前提。从数据故事化的自动化和工程实现角度，数据故事的创作者和叙述者是两个不同的角色，需要区别对待，设置不同的操作权限和操作活动。数据故事的创作者与叙述者之间的桥梁是数据故事的模型。

3.3.7　叙述设计及二度创作

数据故事的叙述者将根据故事创作者给出的故事模型，并结合目标受众特征，进行故事叙述的设计。同一个故事模型可以采取不同的叙述策略，包括叙述者驱动、受众驱动和二者的混合策略——马提尼酒杯结构，以及互动演示幻灯结构和向下钻取事结构等常用结构。

数据故事的叙述设计往往是故事叙述者的二度创作行为。通常，在保持故事模型的前提下，故事叙述者需要根据故事叙述的场景和目标受众的特征，适当加入新的元素或裁剪特定元素，改编和即兴发挥，进而达到提升故事叙述效果的目的。

3.3.8　叙述与互动

iRobot 数据科学总监 Bassa 在 Accelerate 会议（2016 年）上指出，"必须引导受众对分析有一种直观的理解。从根本上，这是一个沟通问题。如果你完成了数据整理、分析和修改的所有工作，接下来必须用数据进行沟通。"在对数据图表进行优化后，更重要的是将数据故事与受众进行叙述与交互，创作者应有效地综合数据故事，提供背景叙述，按情节引导受众。

数据故事化将数据转换为图形、饼图和折线图等图表，以便让受众更直观地看到数据。但是，单独的数据可视化具有局限性：只提供了一目了然的数据图表，缺乏解释事件发生原因的背景；只是让受众看到了数据，而不能激发受众采取进一步的行动，这是因为受众只看到了一组冷冰冰的数据，知道了这组数据表示的含义，却不知道数据的背景，无法从中产生共鸣。因此，数据故事创作者需要为受众概述分析正在进行的原因，明确要解决的业务或组织问题，概述先前的相关工作，使受众充分理解作者接下来要叙述的数据，带动受众的情感反应。

数据故事化的描述目的是吸引受众，激发受众的想象力，因此不应在一张图表上呈现过多的信息，而应该在不同的版面依照故事流分开呈现不同的情节，激励有好奇心的受众逐步、深入地探索数据并理解数据。

故事模型的选择中需要注意的是视觉通道的选择。受众喜欢视觉元素而非演示文稿中的数字，如果以可视化形式显示，就会更准确地记住信息。无论是利益相关者还是客户，合理的可视化都会对受众产生更大影响。

除了上述步骤，在实际的数据故事化项目中还可能涉及以下两个活动：

（1）数据故事化的试验和预调研

为了达到更好的数据可视化目的，通常随机选取部分受众为测试样例，对即将采用故事化的故事模型和故事呈现方式进行测试和调研，并根据试验和调研结果对数据故事化项目进行优化和调整。

（2）数据故事化的持续改进

与试验和预调研不同的是，数据故事化的持续改进是根据最终故事化结果在全体受众中产生的效果和反馈结果改进数据故事模型及其呈现方式，进而动态改进数据故事化的效果。

3.4 数据故事化的模型

数据故事化的模型可以分为分析模型、故事模型和叙述模型，分别代表数据故事化的三个核心活动——数据分析与洞见、故事化建模和故事叙述，如图 3-11 所示。

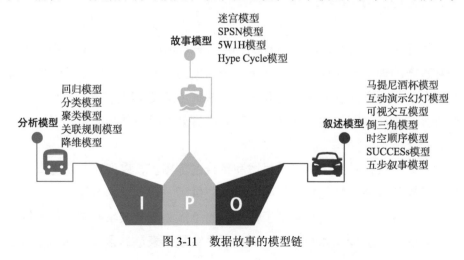

图 3-11 数据故事的模型链

3.4.1　分析模型

　　分析模型主要描述的是业务需求，即为了将数据转化为故事而进行的统计分析或机器学习建模。从复杂度和价值两个维度，数据分析可以分为描述性分析 Descriptive Analytic）、诊断性分析（Diagnostic Analytics）、预测性分析（Predictive Analytics）和规范性分析（Prescriptive Analytics）4 种。

　　Gartner 分析学价值扶梯模型（Gartner's Analytic Value Escalator）如图 3-12 所示。

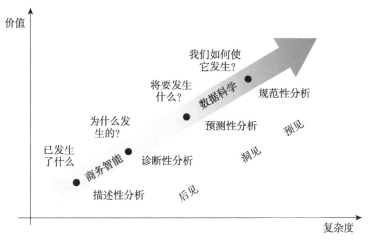

图 3-12　Gartner 分析学价值扶梯模型

　　① 描述性分析：主要关注的是"过去"，回答"已发生了什么"，是数据分析的第一步。

　　② 诊断性分析：主要关注的是"过去"，回答"为什么发生"，是对描述性分析的进一步理解。

　　③ 预测性分析：主要关注的是"未来"，回答"将要发生什么"，是规范性分析的基础。

　　④ 规范性分析：主要关注的是"模拟与优化"的问题，即"如何从即将发生的事情中受惠"和"如何优化将要发生的事情"。规范性分析是数据分析的最高阶段，可以直接产生产业价值。

　　分析模型是故事模型的输入，是融合数据与业务需求的过程，也是数据故事化模型链的输入模型。

3.4.2　故事模型

　　故事模型主要描述故事要素及其之间的结构关系，包括故事内容、情节、情境等。

比较有代表性的故事模型如下。

（1）5W1H 模型

一则数据故事可能涉及的要素有何事（What）、为何（Why）、何时（When）、何地（Where）、何人（Who）、如何（How）六个要素，如图 3-13 所示。

图 3-13　数据故事的 5W1H 模型

通常，数据故事需要给出上述六个素，除了以下两种情况。

① 数据故事的叙述者和受众双方共同已知的要素。例如，故事发生的时间是故事叙述者和受众双方均已知的情况下，可以不叙述数据故事发生的具体时间。

② 数据故事的叙述者认为不影响受众理解与接受数据故事的要素。例如，故事发生的地点对数据故事的叙述效果没有影响时，数据故事的叙述者可以不用提及故事发生的地点。

（2）SPSN 模型

SPSN 模型描述了故事的要素和结构模型。SPSN 模型认为，数据故事包括的要素及其描述顺序依次为：情境（Situation）、问题（Problem）、解决方案（Solution）和下一步行动（Next Steps），如图 3-14 所示。

① 情境（Situations）：数据故事的叙述者向受众说明故事发生的情境以及想要改变的原始状态。

② 问题（Problems）：叙述数据故事的原始情境中存在的问题及痛点。

③ 解决方案（Solutions）：提出自己的解决方案。

④ 下一步行动（Next Steps）：给出数据故事的叙述者和受众应采取的行动。

（3）Gartner 的 Hypercycle 模型

Hypercycle 模型以新技术的发展曲线为代表，为数据故事的叙述，尤其是新兴事物的数据故事化提供了的一种参考模型，如图 3-15 所示。该模型包括以下阶段。

① 创新的触发（Innovation Trigger）。新事物和新技术的突然出现，越来越受到

媒体和社会的高度关注。但是，新技术仍处于尚未投入正式使用，其商业可行性未经证实。

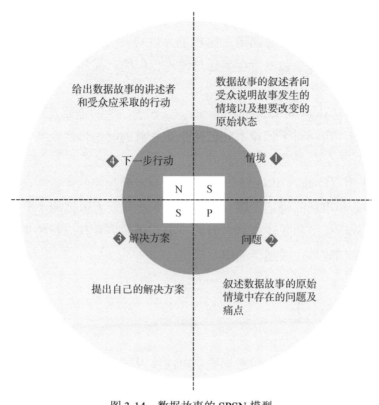

图 3-14　数据故事的 SPSN 模型

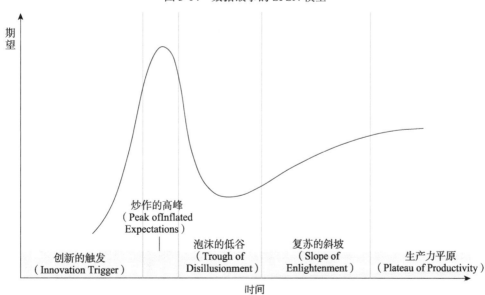

图 3-15　Gartner 的 Hypercycle 模型
（图片来源：Gartner 官网）

② 炒作的高峰（Peak of Inflated Expectations）。创新的出发阶段的宣传和关注产生

了较大的成功，出现了一些较为成功的案例，众多企业纷纷加入这一新技术的研发和应用的行列，成为全社会的热门话题。

③ 泡沫的低谷（Trough of Disillusionment）。随着众多企业的加入，越来越多的企业发现该新技术的研发和应用并非简单，出现了大量的失败案例，该新技术领域进入泡沫破裂的低谷期。只有一些少数的幸存者通过改进他们的产品和市场，能够在残酷的竞争中存活下来。

④ 复苏的斜坡（Slope of Enlightenment）。少数幸存者的企业及新进入者开始理性对待这一新技术市场，市场对于该技术如何使企业受益的问题得到新共识，新技术产业慢慢开始复苏。

⑤ 生产力平原（Plateau of Productivity）。新技术开始成为产业主流技术，成为新的生产力，推动产业和市场的稳定发展，投资回报率达到较为理想的水平。

故事模型是分析模型和叙述模型之间的桥梁，是数据及其分析结果具有故事属性的关键环节，也是数据故事化模型链的中心模型。

3.4.3　叙述模型

叙述模型是将故事模型叙述给目标受众时所涉及的模型。同一个故事模型可以有多个叙述模型，进而达到故事个性化叙述目的。

① 故事叙述策略模型：如马提尼酒杯模型、互动演示幻灯模型、可视交互模型、倒三角模型、时空顺序模型给出了故事叙述的策略（见本书 1.5 节）。

② 故事叙述效果模型：如 SUCCESs 模型为故事叙述效果提出了要求，数据故事化应兼顾简单（Simple）、出人意料（Unexpected）、具体（Concrete）、可信（Credible）、情感（Emotional）和故事（Stories）（见本书 1.5 节）。

③ 故事叙述步骤模型：Dunkleberger A 的五步叙事模型为故事创作和撰写工作给出了参考模型。叙述模型以故事模型为输入，是以个性化方式叙述给目标受众的主要依据，也是数据故事化模型链的输出模型。

3.5　数据故事的叙述

从故事模型的呈现方式看，数据故事的叙述涉及三个要素：文本（Text）、语音（Speech）和视觉效果（Visual），即 TSV 模型，如图 3-16 所示。在数据故事的叙述中，应根据受众特点及叙述场景的需要选用或搭配使用上述三个要素。

目前，Tableau、PowerBI、Qlik 等支持数据故事化的工具平台主要采用的是"视觉效果（Visual）为主，文本（Text）为辅"的叙述方式，而语音（Speech）方式的直接应用相对欠缺。

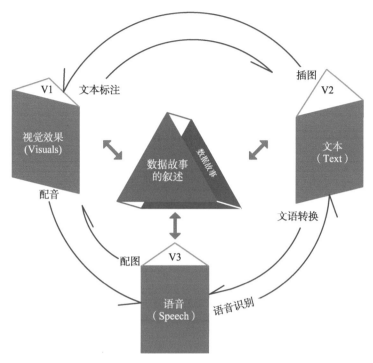

图 3-16　数据故事叙述的 TSV 模型

从故事的叙述者与受众之间的驱动关系看，数据故事的叙述者可采用的叙述方法有叙述者驱动型叙述方法和受众驱动型叙述方法，如表 3-6 所示。

表 3-6　数据故事的叙述方法

内　容	叙述者驱动	受众驱动
驱动方	叙述者	受众
流程	线性	非线性
信息量	固定	不固定
与受众交互	少	多

3.5.1　叙述者驱动型叙述

叙述者驱动的数据故事是指故事叙述者在讲故事的过程中以线性路径为主，不允许受众与图表交互，数据和可视化是由故事叙述者选择的，并作为成品呈现给读者，重在对受众进行数据传递，是单向地将故事化的数据展示给受众并让受众接纳的方法。

当讲故事的目的是进行有效沟通或让他人接纳确定性的信息时通常采用这种方法，如在电影、图书杂志、广告、商业演示等活动中以叙述者驱动为主。

3.5.2　受众驱动型叙述

受众驱动的数据故事强调受众的高度参与，为读者提供了处理数据的方法。故事叙述者不是向受众进行简单的信息传达，也不依赖严格的结构化故事框架，而是负责提供数据及其可视化方式，受众则参与其中，对可视化的图形进行架构，形成受众自己的故事流。例如，在 Tableau 等可视化分析工具中，用户驱动的方法支持数据诊断、模式发现和假设形成等任务。

数据故事的叙述需要在叙述者驱动和受众驱动之间寻求平衡，故事叙述者既要为受众提供结构化的故事叙述，又要保持一定的交互空间。

小　结

本章主要讲解了"数据故事"领域的基础理论，是对第 2 章数据故事定义和特征的拓展，对于系统掌握数据科学的理论体系，尤其是在后续章节中进一步学习数据故事化的方法和技术具有重要意义。

首先，以解读什么是数据故事为目的，介绍了数据故事的七种核心要素：需求、人物、情境、情节、冲突、解决方案以及下一步行动。

其次，以解决如何叙述数据故事为抓手，介绍了数据故事化的 KISS 原则及 Hicks 法则、忠于原始数据、设定共同情景、体验式叙述、个性化定制、有效性利用和 3C 原则，为数据故事化理论研究及实践应用提供了指导。

再次，以数据故事的生命周期为线索，讲解了数据故事化的基本流程，包括理解数据、明确目的、了解受众、识别关键数据、数据故事的建模以及叙述与互动等关键活动，为数据故事化项目研发提供了整体框架。

接着，以数据故事的自动化实现为目的，提出了数据故事模型及其三个子模型：分析模型（如 Gartner 分析学价值扶梯模型）、故事模型（如 5W1H 模型、SPSN 模型、Hypercycle 模型等）和叙述模型（如马提尼酒杯模型、SUCCESSs 模型和 Dunkleberger A 的五步叙事模型等）。

最后，以数据故事叙述的 TSV 模型为基础，讲解了数据故事的两种叙述策略——叙述者驱动型叙述和受众驱动型叙述。

思 考 题

1．数据故事的主要组成要素有哪些？请结合一则具体数据故事给出解释。

2．简述数据故事的 KISS 原则。

3．简述数据故事的 3C 原则。

4．简述数据故事的忠于原始数据原则。

5．简述数据故事化的基本流程及其主要活动。

6．简述数据故事化中的分析模型、故事模型和叙述模型的区别与联系。

7．简述叙述者驱动型叙述方法与受众驱动型叙述方法的区别与联系。

8．分析数据故事的 SPSN 模型、SUCCESs 模型、5W1H 模型、Hypercycle 模型、TSV 模型的含义、区别和联系。

9．分析马提尼酒杯模型及其在数据故事化中的应用。

第4章
数据故事化的理论基础

DS

传统故事属于文学和艺术的范畴，而数据故事属于科学和工程的范畴。

——朝乐门

也许，故事只是有灵魂的数据。（Maybe stories are just data with a soul.）

—— Brené Brown

数据故事化的研究需要有其他相关领域的研究基础，尤其是数据科学、认知科学、数据可视化、可解释性机器学习和自然语言处理。为此，本章主要讲解如下内容。

① 数据科学与数据故事化的内在联系，以及数据科学研究领域中对数据故事化具有重要指导作用的理论、方法和应用。

② 认知科学与数据故事化的内在联系，以及认知科学研究中对数据故事化具有重要指导作用的理论、方法和应用。

③ 数据可视化与数据故事化的内在联系，以及数据可视化研究领域中对数据故事化具有重要指导作用的理论、方法和应用。

④ 可解释性机器学习与数据故事化的内在联系，以及可解释性机器学习研究领域中对数据故事化具有重要指导作用的理论、方法和应用。

⑤ 自然语言处理与数据故事化的内在联系，以及自然语言处理研究领域中对数据故事化具有重要指导作用的理论、方法和应用。

从数据到数据故事的叙述过程分为两个主要阶段：故事创作者的故事化建模和故事叙述者的故事化呈现，如图 4-1 所示。

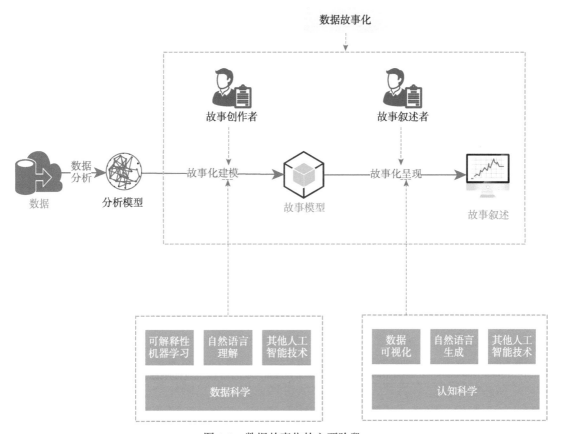

图 4-1　数据故事化的主要阶段

① 故事化建模：从数据到故事模型的转换过程，其主要理论依据为数据科学、可解释性机器学习、自然语言理解等。

② 故事化呈现：从故事模型到故事叙述的转换过程，其理论依据为认知科学、数据可视化、自然语言生成（包括文本生成与文语转换）等。

基础理论与理论基础的区别

基础理论与理论基础的区别如图 4-2 所示。

数据故事化的基础理论（第 3 章）：在数据故事的范畴和边界之内，是数据故事领域最基本和最核心的理论。

数据故事化的理论基础（第 4 章）：在数据故事的范畴和边界之外，是数据故事理论的依据及根源。

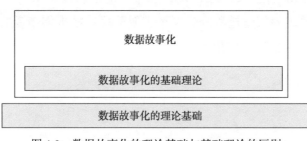

图 4-2　数据故事化的理论基础与基础理论的区别

4.1　数据科学

数据科学是一门以数据（尤其是大数据）为研究对象，并以机器学习、统计学和数据可视化等学科为主要理论基础，重点研究数据的加工、计算、管理、分析和数据产品开发等关键活动的交叉性学科。

4.1.1　与数据故事化的联系

数据故事化是将数据转换为故事叙述的过程，属于数据产品开发的一种具体表现形式。数据科学领域已有研究主要对数据故事化流程中的数据分析与洞察活动提供了理论依据，并为数据故事产品的研发提供了技术条件。从学科所属关系看，数据故事化是数据科学的一个组成部分。

4.1.2 数据科学的理论与方法

1. 数据科学的研究目的

数据科学的研究目的是实现数据、物质和能量之间的转化，即通过"数据的利用"降低"物质/能量的消耗"或（和）提升"物质/能量的利用效果和效率"，具体而言包括以下几方面：大数据及其运动规律的揭示，从数据到智慧的转化，数据的分析与洞察，数据的业务化，数据驱动型决策支持及辅助决策，数据的管理与治理，数据产品的开发，数据生态系统的建设。

2. 数据科学的研究视角

在大数据时代，人们对数据的认识与研究视角发生了新变革——从"我能为数据做什么"转变为"数据能为我做什么"。

传统理论主要关注的是"我能为数据做什么"。传统的数据工程、数据结构、数据库、数据仓库、数据挖掘等数据相关的理论中特别重视数据的模式定义、结构化处理、清洗、标注、抽取/转换/加载（Extract-Transform-Load，ETL）等活动，均强调的是如何通过人的努力来改变数据，使数据变得更有价值或更便于后续处理和未来利用。

但是，数据科学强调的是另一个研究视角——"数据能为我做什么"，如图 4-3 所示。具体来讲，数据科学主要关注的问题包括：大数据能为我们进行哪些辅助决策或决策支持，大数据能给我们带来哪些商业机会，大数据能给我们降低哪些不确定性，大数据能给我们提供哪些预见，大数据中能否发现潜在的、有价值的、可用的新模式。

总之，在大数据时代，人们认识人与数据关系的视角有两种，即"我能为数据做什么"和"数据能为我做什么"，而数据科学更加强调的是后者——"数据能为我做什么"。

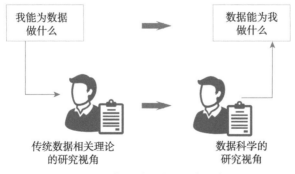

图 4-3　数据科学的新研究视角

研究视角的转移（或多样化）是数据科学与传统数据相关理论的课程（如数据工程、数据结构、数据库、数据仓库、数据挖掘）的主要区别所在。大数据时代出现的很多新术语，如"数据驱动""数据业务化""以数据为中心""让数据说话""数据柔术"等均强调的是数据科学的这一独特视角。

3. 数据科学的跨学科性

从学科定位看，数据科学处于数学与统计知识、极客精神与技能、领域实务知识等三大领域的交叉之处，如图 4-4 所示。

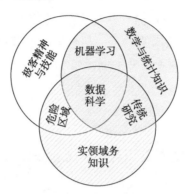

图 4-4　数据科学与其他领域的关系

（1）"数学与统计知识"是数据科学的主要理论基础之一

但是，数据科学与（传统）"数学与统计知识"是有区别的，主要体现在以下 4 方面。

① 数据科学中的"数据"不仅是"数值。

② 数据科学中的"计算"不仅是加、减、乘、除等"数学计算"，还包括数据的查询、挖掘、洞见、分析、可视化等。

③ 数据科学关注的不是"单一学科"的问题，而是涉及多个学科（统计学、计算机科学等）的研究范畴，更需要加强调跨学科视角。

④ 数据科学不仅是"理论研究"，更不是纯"领域实务知识"，更关注和强调理论研究与领域实务知识的结合。

（2）"极客精神与技能"是数据科学家的主要精神追求和技能要求

"极客精神与技能"是指大胆创新、喜欢挑战、追求完美和不断改进。与数据工程师不同，数据科学家不仅需要掌握理论知识和具有实践能力，还需要具备良好的精神素质——3C 精神，即 Creative working（创造性工作）、Critical Thinking（批判性思考）、Curious Asking（好奇性提问），如图 4-5 所示。

例如，美国白宫第一任数据科学家帕蒂尔（DJ Patil）提出了"数据柔术"（Data Jujitsu）的概念，并强调将数据转换为产品过程中的"艺术性"——需要将数据科学家的 3C 精神融入数据分析与处理工作之中。

（3）"领域实务知识"是对数据科学家的特殊要求

"领域实务知识"是指数据科学家不仅需要掌握数学与统计知识、具备极客精神与技能，还需要精通某特定领域的实务知识和经验。

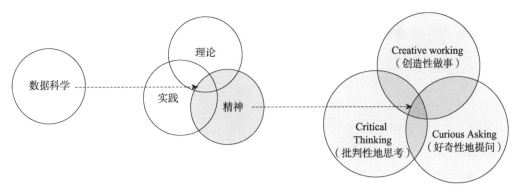

图 4-5　数据科学的"三个要素"和"3C 精神"

领域实务知识具有显著的领域性，不同领域的领域实务知识也不同。

数据科学家不仅需要掌握数据科学本身的理论、方法、技术和工具，还应掌握特定领域的知识与经验（或领域专家需要掌握数据科学的知识）。

在组建数据科学项目团队时，必须重视领域专家的参与，因为来自不同学科领域的专家在数据科学项目团队中往往发挥着重要作用。

总之，数据科学并不是以一个特定理论（如统计学、机器学习和数据可视化）为基础发展起来的，而是包括数学与统计学、计算机科学与技术、数据工程与知识工程、特定学科领域的理论在内的多种理论相互融合后形成的新兴学科。

4. 数据科学的研究范式

数据科学强调的是"用数据直接解决问题"，而不是将"数据"转换为"知识"后，用"知识"解决实际问题。例如，传统意义上的自然语言理解和机器翻译往往以统计学和语言学知识为主要依据，属于"知识范式"。但是，当数据量足够大时，我们可以通过简单的"数据洞见（Data Insights）"操作，找出并评估历史数据中已存在的翻译记录，实现与传统"知识范式"相当的智能水平。数据范式与知识范式的区别如图 4-6 所示。

图灵奖获得者吉姆·格雷（Jim Gray）提出的科学研究第四范式——数据密集型科学发现（Data-intensive Scientific Discovery）是数据科学的代表性理论之一。在大数据时代，在"我们的世界"（即精神世界）与"物理世界"之间出现了一种新的世界——"数据世界"，即数据科学的"三世界原则"如图 4-7 所示。

因此，在数据科学中，通常需要研究如何运用"数据世界"中已存在的"痕迹数据"解决"物理世界"中的具体问题，而不是直接在"物理世界"中采用问卷和访谈等方法亲自收集"采访数据"。相对于"采访数据"，"痕迹数据"更具有客观性。

数据科学的研究范式主要体现在以下几方面。

（1）数据驱动

数据科学主要研究的是如何基于数据提出问题、在数据层次上分析问题与以数据为

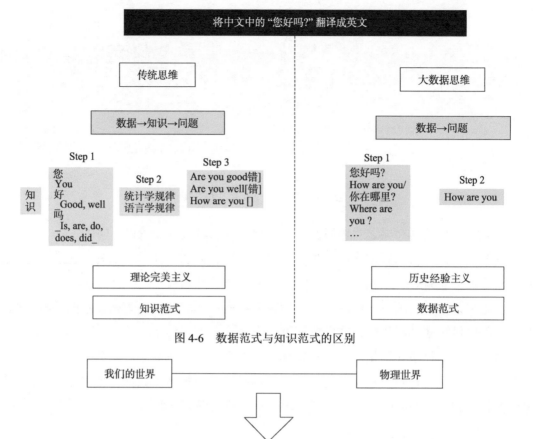

图 4-6 数据范式与知识范式的区别

图 4-7 数据科学的"三世界原则"

吉姆·格雷（Jim Gray）和第四范式

吉姆·格雷（Jim Gray），又名詹姆斯·格雷（James Gray，Jim 是 James 的昵称），生于 1944 年，著名的计算机科学家。2006 年，吉姆·格雷因在数据库、事务处理系统等方面的开创性贡献获得图灵奖。

2007 年，吉姆·格雷提出了科学研究的第四范式——数据密集型科学发现（Data-intensive Scientific Discovery）。在他看来，人类科学研究活动已经历过三种不同范式的演变过程（原始社会的"实验科学范式"、以模型和归纳为特征的"理论科学范式"和以模拟仿真为特征的"计算科学范式"），目前正在从"计算科学范式"转向"数据密集型科学发现范式"，如图 4-8 所示。

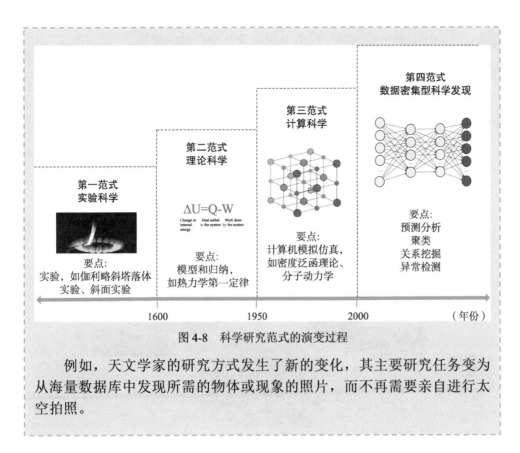

图 4-8　科学研究范式的演变过程

例如，天文学家的研究方式发生了新的变化，其主要研究任务变为从海量数据库中发现所需的物体或现象的照片，而不再需要亲自进行太空拍照。

中心来解决问题。因此，与传统科学不同的是，数据科学并不是由目标、决策、业务或模型驱动的，而是由"数据"驱动的，即数据是业务、决策、战略、市场甚至组织结构变化的主要驱动因素。

（2）以数据为中心

以数据为中心是数据产品区别于其他类型产品的本质特征，主要体现为"以数据为核心生产要素"。

（3）数据密集型

数据产品开发的瓶颈和难点往往源自数据，而不再是计算和存储。也就是说，数据产品开发具备较为显著的数据密集型的特点。

5. 数据科学的知识体系

从知识体系看，数据科学以统计学、机器学习、数据可视化与数据故事化、人文与管理为主要理论基础，核心研究内容包括数据科学基础理论、数据加工、数据计算、数据管理、数据分析、数据产品开发以及与领域知识的融合应用，如图 4-9 所示。

6. 数据科学的基本流程

数据科学的基本流程如图 4-10 所示，主要包括数据化、数据加工、数据规整化、探索性数据分析、数据分析与洞见、结果呈现以及数据产品的提供。

图 4-9 数据科学的知识体系

（图片来源：《数据科学理论与实践》）

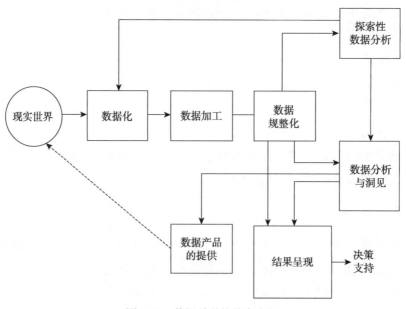

图 4-10 数据科学的基本流程

（1）数据化

数据化（Datafication）是指捕获人们的生活、业务或社会活动，并将其转换为数据的过程。例如，Google 眼镜正在数据化人们的视觉活动，Twitter 正在数据化人们的思想动态，LinkedIn 正在数据化人们的职场社交关系。

近年来，随着云计算、物联网、智慧城市、移动互联网、大数据技术的广泛应用，数据化正在成为大数据时代的重要活动，是数据高速增长的主要推动因素之一。

- 纽约证券交易所每天生成大约 4～5 TB 的数据。
- Illumina 的 HiSeq 2000 测序仪每天可以产生 1TB 的数据，LSST（Large Synoptic Survey Telescope，大型综合巡天望远镜）每天可以生成 40 TB 的数据。
- Facebook 每个月的数据增量已达 7 PB。
- 瑞士日内瓦附近的大型强子对撞机（Large Hadron Collider）每年产生约 30 PB 的数据。
- 截至 2016 年 10 月，因特网档案馆（Internet Archive）项目已存储了超过 15 PB 的数据。

（2）数据加工及规整化处理

数据加工的本质是将低层次数据转换为高层次数据的过程。从加工程度看，数据可以分为零次、一次、二次、三次数据。

与数据加工相关的概念中，规整数据与干净数据这两个术语容易混淆，应予以区分，如图 4-11 所示。

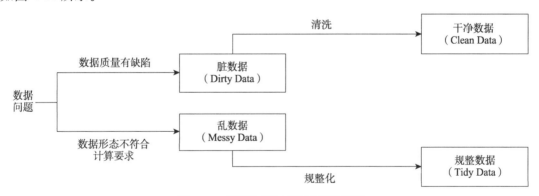

图 4-11　规整数据与干净数据的区别

- 干净数据（Clean Data）是相对于"脏数据"（Dirty Data）的一种提法，主要判断依据是数据质量是否有问题，如存在缺失值、错误值或噪声信息等。通常，数据科学家采用数据审计方法判断数据是否"干净"，并用数据清洗（Data Cleansing）的方法将"脏数据"加工成"干净数据"。
- 规整数据（Tidy Data）是相对于"乱数据"（Messy Data）的一种提法，主要判断依据是数据的形态是否符合计算与算法要求。注意，"乱数据"并非代表数据的质量有问题，而是从数据形态角度对数据进行分类。也就是说，"乱数据"也可以是"干净数据"。通常，数据科学家采用数据规整化（Data Tidying）方法将"乱数据"加工成"规整数据"。

在数据科学中，需要注意"数据加工"的两个基本问题。

第一，数据科学对数据加工赋予了新含义——将数据科学家的 3C 精神融入数据加工，数据加工应该是一种增值过程。因此，数据科学中的数据加工不等同于传统数据工程中的"数据预处理"和"数据工程"。

第二，数据加工往往会导致信息丢失或扭曲现象的出现。因此，数据科学家需要在数据复杂度与算法健壮性之间寻找平衡。

（3）探索性数据分析

探索性数据分析（Exploratory Data Analysis，EDA）是指对已有的数据（特别是调查或观察得来的原始数据）在尽量少的先验假定下进行探索，并通过作图、制表、方程拟合、计算特征量等手段探索数据的结构和规律的一种数据分析方法。当数据科学家对数据中的信息没有足够的经验，且不知道该用何种传统统计方法进行分析时，经常通过探索性数据分析方法达到理解数据的目的。

（4）数据分析与洞见

在数据理解的基础上，数据科学家设计、选择、应用具体的机器学习算法、统计模型进行数据分析。

图 4-12 给出了数据分析的三种基本类型及其内在联系。

- 描述性分析：将数据转换成信息的分析过程。
- 预测性分析：将信息转换为知识的分析过程。
- 规范性分析：将知识转换为智慧的分析过程。

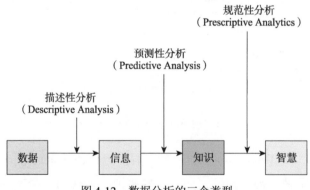

图 4-12　数据分析的三个类型

（5）结果呈现

在机器学习算法、统计模型的设计与应用的基础上，采用数据可视化和故事化叙述等方法将数据分析的结果展示给最终用户，进而达到决策支持和提供产品的目的。

（6）数据产品的提供

在机器学习算法、统计模型的设计与应用的基础上，可以进一步将"干净数据"转换成各种"数据产品",并提供给"现实世界",以便交易或消费。

可见,从生命周期看,数据科学流程主要包括数据化、数据加工、数据分析、数据呈现与应用、数据产品部署与运维等关键活动,如图 4-13 所示。

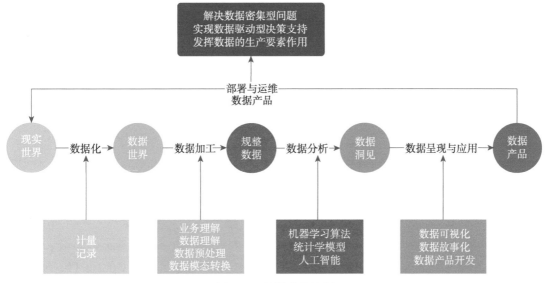

图 4-13　数据科学流程

其中,数据化是采用物联网、移动互联网、新型生产制造设备与科学仪器、业务信息系统等技术手段,计量和记录现实世界,并将现实世界中的事物转换为数据世界中的数据的过程;数据加工是通过业务理解、数据理解、数据预处理和数据模态转换等活动,将目标数据转换为规整数据的过程;数据分析是采用机器学习算法、统计学模型及人工智能方法,从规整数据中发现有价值的数据洞见的过程;数据呈现与应用是采用数据可视化、数据故事化及其他数据产品开发方法,将数据洞见转换为数据产品的过程;数据产品的部署与运维是将数据产品应用于实际业务和决策的过程,进而达到解决现实世界中的数据密集型问题、实现数据驱动型决策支持、发挥数据的生产要素作用等目的。

4.1.3　数据科学的应用

目前,数据科学在健康医疗、新闻出版、材料科学、农业种植、市场营销、软件工程、金融保险、交通管理、公共政策研究等领域得到广泛关注与应用,较有代表性的应用有 Google 禽流感趋势分析、Metromile 项目及汽车保险产品的创新、Amazon 预期送货技术专利、里约奥运会数据新闻、农业大数据产品 Climate FieldView 及其应用、麻省理工学院的材料基因组项目、Target 的怀孕预测指数、Databircks 的统一分析平台。

1. Google 禽流感趋势分析

　　2009 年，在禽流感（H1N1）爆发前，Google 公司的工程师 Ginsberg J、Mohebbi M H 和 Patel R S 等在《自然》（*Nature*）杂志上发表了一篇标题为 *Detecting Influenza Epidemics Using Search Engine Query Data*（基于搜索引擎查询数据的流感疫情监测）的论文，介绍了谷歌于 2008 年推出的一种预测流感疫情工具——谷歌流感趋势（Google Flu Trends，GFT），并在数据科学领域引起了广泛且深远的影响。当时官方数据具有严重的滞后性，如美国疾控中心只能做到在流感爆发一两周后发布数据。然而，GFT 实时预测了当年的禽流感在全美范围的传播，其及时性和准确性（如图 4-14 所示）震惊了当时的学界和政界。GFT 的成功引发了人们对大数据思维的热烈讨论。

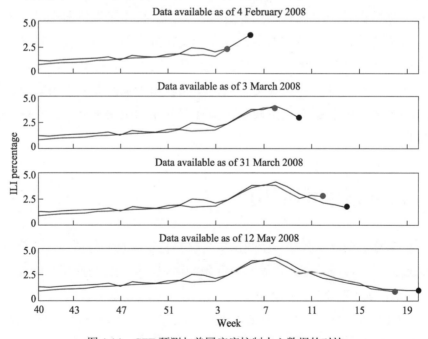

图 4-14　GFT 预测与美国疾病控制中心数据的对比

（图片来源：Ginsberg J、Mohebbi M H、Patel R S 等，2009）

然而，2013年1月，美国流感发生率达到峰值，GFT预测数据比实际数据高两倍（如图4-15所示），人们发现其精确度不再与前几年一样高，再度引起了广泛关注。

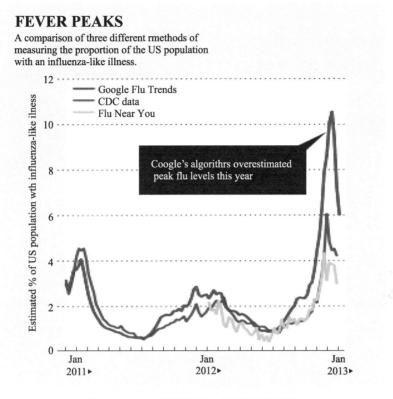

图 4-15　GFT 预测数据与实际数据的误差

（图片来源：Butler D.，2013 年 2 月）

2014 年 3 月，Lazer D、Kennedy R 和 King G 等在 *Science* 上发表了一篇标题为 *The Parable of Google Flu: Traps in Big Data Analysis*（谷歌流感的寓言：大数据分析的陷阱）的论文，给出了 GFT 出现预测不准确性的两个主要原因。

① 大数据浮夸（Big Data Hubris）：指在没有拥有真正的"大数据"或没有掌握"大数据管理与分析能力"的情况下，人们对"大数据"寄予盲目期望的现象。大数据浮夸带来的核心挑战是大数据受到了广泛的关注，但人们并不具备真正的大数据管理与分析能力。

② 算法动态性（Algorithm Dynamics）和用户使用行为习惯的进化：自 2009 年以来，谷歌以改善其服务为目的改变了算法，且用户使用习惯也发生了进化，导致 GFT 的高估。

2. Metromile 项目及汽车保险产品的创新

Metromile 是 2011 年在美国旧金山成立的一家汽车保险机构。在传统汽车保险中，无论你开车多或少，所交的汽车保费是固定不变的，这对于那些开车少的人明显不够公平。根据 Metromile 提供的数据，65% 的车主都支付了过高的保费，以补贴少数开车较多的人。Metromile 提供的是按里程收费的汽车保险，以改变传统的固定收费模式，让开车少的人支付更少的保费，实现里程维度上的个性化定价，如图 4-16 所示。

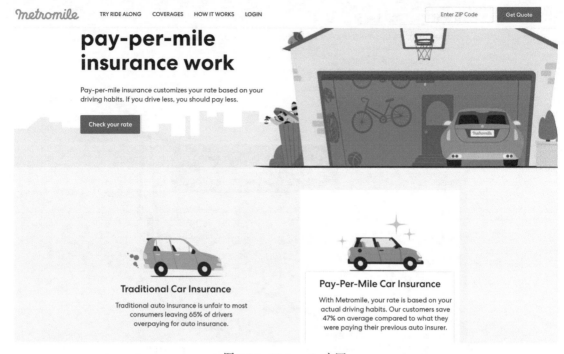

图 4-16　Metromile 官网

Metromile 提供的车险由基础费用和按里程变动费用两部分组成，其计算公式为：

每月保费总额 = 每月基础保费 + 每月行车里程 × 单位里程保费

其中，基础保费和单位里程保费会根据不同车主的情况有所不同（如年龄、车型、驾车历史等），基础保费一般为 15～40 美元，按里程计费的部分一般是 2～6 美分/英里（1 英里=1.609344 千米）。

Metromile 还设置了保费上限，当日里程超过 150 英里时，超过部分不需要多交保费。

之所以能够实现按里程计算保费，源于物联网等信息技术的应用。车主需要安装一个由 Metromile 免费提供的 OBD 设备 MetromilePulse，以计算每次出行的里程数。配合手机 App，Metromile 还能为车主提供更多的智能服务，如最优的导航线路、查看油耗情况、检测汽车健康状况、汽车定位、一键寻找附近修车公司、贴条警示等服务，并且每月会通过短信或者邮件对车主的相关数据进行总结。

3. Amazon 预期送货技术专利

为了降低物流成本，缩短顾客收货时间，Amazon 技术公司的 Joel R. Spiegel 等于 2004 年首次申请专利——Amazon Anticipatory Shipping（Amazon 预期送货，如图 4-17 所示），后并入新专利，于 2013 年底发布。

图 4-17　Amazon 预期送货技术专利示意

（图片来源：blarrow 网站，2020）

　　该专利采用的大数据预测性分析技术属于数据科学中的数据产品开发范畴。基本思路为预测用户需求，提前运送商品到目的地区域，在运输中匹配订单，确定最终送货地址。该专利的创新之处是提出了预期运输的方法和计算机系统（如图 4-18 和图 4-19 所示），并应用于预测先前物品状态，确定包裹的位置、成本、风险、重定向及顾客动机。

　　据美国国家公共电台报道，自 Amazon 取得预期运输专利后，它在全国各地建立了大型仓库，并且持续在靠近市中心的地方增加小型仓库。

　　后来，Amazon 推出 Prime Now 推出超快速交付选项。Prime Now 会员可以享受免费 2 小时到货。

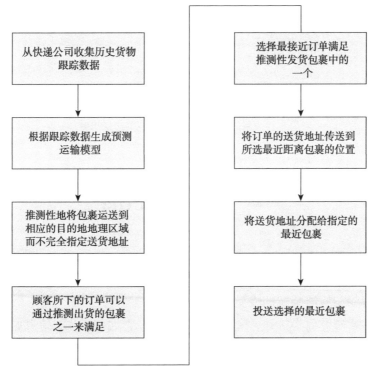

图 4-18　推测性运送包裹思路

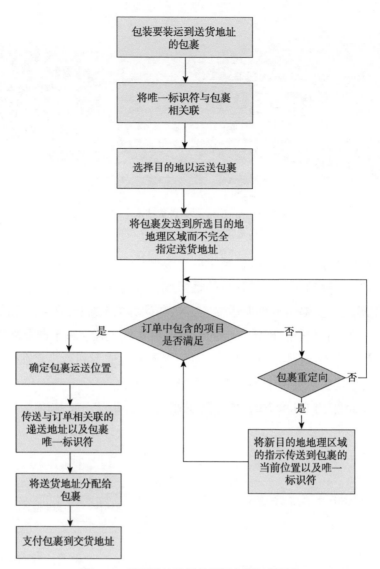

图 4-19　延迟地址选择的推测包裹运送思路

4.2　认知科学

认知科学（Cognitive Science）是研究人类认知过程、大脑和心智的运行机制的一门学科，其研究内容包括从感觉的输入到复杂问题求解，从人类个体到人类社会的智能活动，以及人类智能和机器智能的性质。

认知科学主要研究何为认知，认知有何用途以及它如何工作，信息如何表现为感觉、语言、注意、推理和情感，其研究领域包括哲学、心理学、人类学、人工智能、教育学、语言学、神经科学，如图 4-20 所示。

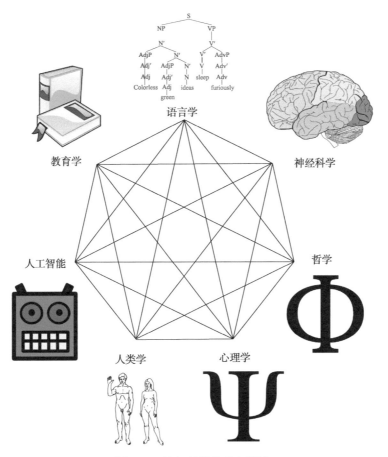

图 4-20　认知科学的研究领域

（图片来源：Wikipedia，2022）

什么是"认知"

　　美国心理学家 T. P. Houston 等人将关于"认知"的不同观点归纳为 5 种：认知是信息的处理过程；认知是心理上的符号运算；认知是问题求解；认知是思维；认知是一组相关的活动，如知觉、记忆、思维、判断推理、问题求解、学习、想象、概念形成、语言使用等。

4.2.1　认知科学与数据故事化的联系

　　认知科学是研究数据故事化的认知过程的主要理论基础。根据 PCA 模型，数据故事化的认知过程分为感知、认知和行动三个阶段，这三个阶段均需要认知科学的理论指导，如图 4-21 所示。

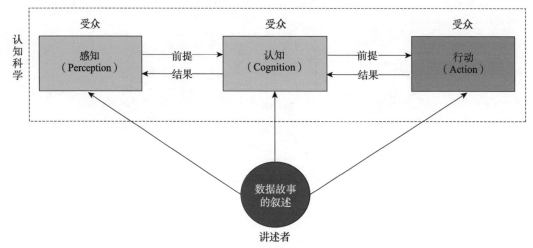

图 4-21 认知科学与数据故事化的联系

4.2.2 认知科学的理论与方法

1. 心智与认知的联系

认知科学就是研究人类心智和认知原理的科学，其中：认知是过程，心智是认知的基础和结果。

- 心智（Mind）：大脑及神经系统的功能和能力。人和动物凭借这种能力对内部信息和外部信息进行加工，并由此支配自己的精神生活和身体行为。
- 认知（Cognition）：脑和神经系统产生心智（Mind）的过程。

2. 认知能力

认知科学认为，人类从进化中获得了五种心智能力，由此形成五个层级的认知能力：神经认知、心理认知、语言认知、思维认知和文化认知，如图 4-22 所示。

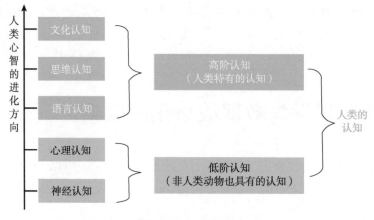

图 4-22 认知能力

在上述认知能力中，人和动物共有的神经认知和心理认知被称为低阶认知，人所特有的语言认知、思维认知和文化认知被称为高阶认知。

人是有语言、能思维的动物。语言是人类认知的基础，思维是人类的特质。人类用语言和思维建构全部知识大厦，知识积淀为文化。语言、思维和文化是人类具有而非人类动物并不具有的认知能力。

> 认知五层理论使认知科学从交叉学科变成单一学科，因为认知科学有单一的研究对象——人类心智，也有自己独特的研究方法——经验科学和试验分析法。认知科学的学科结构不过是认知科学的学科结构的一个映射。
>
> ——蔡曙山（清华大学）

3. 认知科学的研究方法

认知科学的独特研究方法——经验科学和实验分析方法对于数据故事化具有重要借鉴意义。

- 经验科学方法：认知科学中常用的经验科学方法有行为主义方法、功能主义方法、文化主义方法、联结主义方法、双透视主义方法等。
- 实验分析方法：认知科学中常用的实验技术有脑电图（ElectroEncephaloGram，EEG）、脑磁图（Magneto-EncephaloGraphy，MEG）、单光子发射计算机断层成像（Single Photo Emission CT，SPECT）、正电子发射断层成像（Positron Emission Tomography，PET）和功能性磁共振成像（functional Magnetic Resonance Imaging，fMRI）等。

4. 记忆和遗忘

认知科学中对记忆和遗忘的研究对于数据故事化研究，尤其是数据故事的叙述具有重要借鉴意义。德国心理学家、实验学习心理学的创始人艾宾浩斯(Hermann Ebbinghaus)研究发现，遗忘在学习之后立即开始，而且遗忘的进程并不是均匀的，最初遗忘速度很快，以后逐渐放缓。他提出了"保持和遗忘是时间的函数"，用无意义音节作为记忆素材，用节省法计算保持和遗忘的数量。记忆的间隔时间与记忆量之间的关系如表 4-1 所示。

在此基础上，他根据自己的实验结果绘成描述遗忘进程的曲线——著名的"艾宾浩斯记忆遗忘曲线"，如图 4-23 所示。

表 4-1　记忆的间隔时间与记忆量之间的关系

序号	间隔时间	记忆量
1	刚刚记忆	100%
2	20 分钟后	58.2%
3	1 个小时后	44.2%
4	8～9 小时后	35.8%
5	1 天后	33.7%
6	2 天后	27.8%
7	6 天后	25.4%

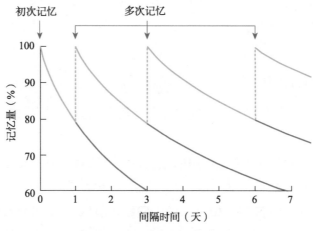

图 4-23　艾宾浩斯记忆遗忘曲线
（图片来源：wranx 网站）

5. 感知与理解

认知科学中对人类的感知和理解的活动的研究成果对于数据故事化研究具有重要意义。例如，格式塔心理学认为"整体不同于部分之和（The whole is different from the sum of its part）"，并提出了格式塔分组原则（Gestalt Laws of Grouping），如图 4-24 所示。

- 邻近原则（Proximity）：接近或邻近的物体会被认为是一个整体。
- 相似原则（Similarity）：刺激物的形状、大小、颜色、强度等物理属性方面比较相似时，这些刺激物就容易被组织起来而构成一个整体。
- 连续原则（Continuity）：如果一个图形的某些部分可以被看作连接在一起，那么这些部分就相对容易被受众认知为一个整体。
- 闭合原则（Closure）：有些图形是一个没有闭合的残缺的图形，但主体有一种使其闭合的倾向，即主体能自行填补缺口而把其认知为一个整体。
- 共向原则（Common fate）：如果一个对象中的一部分都向共同的方向去运动，那么这些共同移动的部分就易被感知为一个整体。

图 4-24　格式塔分组原则（Gestalt Laws of Grouping）

（图片来源：Mariana WA，2021）

- 对称原则（Symmetry）：与非对称图形相比，平衡的、对称的图形更容易组织在一起被认知为一个整体。
- 熟悉原则（Familiarity）。人们对一个复杂对象进行认知时，只要没有特定的要求，就常常倾向于把对象看作有组织的简单的规则图形。

4.2.3　认知科学的应用

通常，与数据科学、数据可视化、可解释性机器学习等理论基础不同的是，认知科学在数据故事化中的应用往往是间接和潜在的，可以应用于数据故事化的每个步骤和活动中，为其提供理论依据和方法论指导。

例如，数据故事化中的视觉认知（Visual Cognition）是指个体对视觉感知信息的进一步加工处理过程，包括视觉信息的抽取、转换、存储、简化、合并、理解和决策等加工活动。因此，视觉认知是视觉感知后对产生的视觉信号的进一步加工处理过程。认知科学中的"格式塔分组原则"较好地解释了人类视觉感知和认知过程的一项重要特征：

人类的视觉感知活动往往倾向于将被感知对象当作一个整体去认知，并理解为与自己经验相关的、简单的、相连的、对称的或有序的以及基于直觉的完整结构。因此，视觉感知结果往往不等同于感知对象的各部分的独立感知结果之和。

以图 4-25 为例，联合利华集团和 IBM 公司的 Logo 包含的字母（U、I、B、M）被分解成多个区域，但并不影响人们的感知与认知结果。同时，人们倾向于将"unilever"字样与其最近的字母 U 一起认知，但不会将"unilever"字样与字母 IBM 一起感知。

图 4-25　格式塔分组原则的示例

4.3　数据可视化

一张图的最大意义在于让我们注意到了从未看到的东西。（The greatest value of a picture is when it forces us to notice what we never expected to see.）

——John Tukey（美国著名数学家）

4.3.1　与数据故事的联系

数据可视化是数据故事化中常用的叙述手段之一，通过可视化技术可以提升数据故事的可理解性。图 4-26 显示了数据可视化和数据故事化的区别与联系。

1. 易于记忆

斯坦福大学研究发现，在受调查的人群中，能够记住"故事"的人数可以达到 63%，但是能够记住孤立的统计数据的人数只有 5%。可见，故事化描述更容易被人们记忆。此外，由于人类的视觉能力最为发达，可视化表示可以提升数据的可理解性。

2. 易于认知

在美国一项"拯救孩子们"（Save the Children）的公益活动中，研究者通过对两种不同版本的宣传手册（一种是基于故事化描述的版本，另一种是图表式可视化表达的版本）产生的效果进行比较之后发现：拿到基于故事化描述的宣传册的捐赠者会多捐出 1.14～2.14 美元。相对于可视化表达的高感知能力，故事化描述具有更高的认知能力。因此，数据产品的展现过程往往先采用可视化方式引起人们的感知活动，再通过故事化方式达到进一步认知的目的。

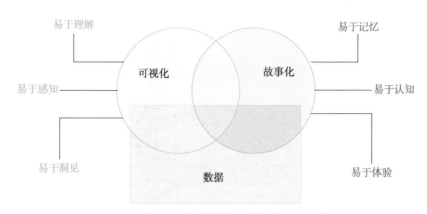

图 4-26 数据可视化与数据故事化的区别和联系

3. 易于体验

相对于数据的可视化表达的高洞见性，数据的故事化描述往往具有更高的参与性和体验性。数据故事化描述的高体验性往往通过两种方式实现：一种是故事的叙述者与受众之间共享相同或相似的情景，另一种是故事的具体表现形式及情节设计。

4.3.2　可视化的理论与方法

1. 可视化的类型

狭义上，数据可视化是与科学可视化、信息可视化和可视分析学平行的概念。而广义上，数据可视化可以包含这三类可视化技术。

（1）科学可视化（Scientific Visualization）

科学可视化是可视化领域最早出现的，也是最成熟的一个研究领域。通常，科学可视化主要面向自然科学，尤其是地理、物理、化学、医学、生物学、气象气候、航空航天等学科领域。通常，科学可视化的规范化、标准化程度较高，不同设计者对同一个数据的可视化方法和结果应基本相同。

（2）信息可视化（Information Visualization）

与科学可视化相比，信息可视化更关注抽象且应用层次的可视化问题，一般具有具体问题导向。通常，信息可视化的个性化程度较高，不同设计者对同一个信息的可视化方法和结果可能不一样。根据可视化对象的不同，信息可视化可分为多个方向，如时空数据的可视化、数据库及数据仓库的可视化、文本信息的可视化、多媒体或富媒体数据的可视化等。催泪瓦斯和胡椒喷雾的信息可视化示例如图 4-27 所示。

催泪瓦斯

催泪瓦斯的科学术语是"催泪剂"，因为它所含的化学物质会导致流泪。然而，"催泪瓦斯"这个名字有误导性。它造成的危害可能更广泛。

 眼睛对化学物质的反应是通过产生眼泪将其冲洗掉。

 催泪瓦斯不是气体。化学物质是散布在浓雾中的固体。

 催泪瓦斯和胡椒喷雾统称为防暴剂(RCAS)。

胡椒喷雾

胡椒喷雾含有有机化学物质辣椒素，它是从辣椒中提取的天然成分。有些含有合成替代品。

 导致眼睛、鼻子和口腔电发炎和剧烈疼痛。

 在斯科维尔等级上高于最辣的辣椒。

 通常与酒精和防冻剂混合。

时间线

1914年-法国边境之战
士兵们在"一战"中战斗！法国是第一个向德国战壕发射催泪瓦斯的国家。
1928年-美国米德尔伯里学院
化学家本·科森和罗杰·斯托顿发现了一种新型催泪瓦斯，以他们的姓名首字母命名为CS。
1936年-英国
政府允许警察在每次任务中对平民使用催泪瓦斯。
20世纪50年代-波登当，英国
政府秘密地在动物身上和士兵身上测试催泪瓦斯。
1971年-德里，北爱尔兰
在对北爱尔兰使用催泪瓦斯情况的回顾中，希姆斯沃斯委员会将这种武器当作毒品进行测试，并发表了一份报告，宣布它可以安全地用于平民身上。
1987年-美国华盛顿
联邦调查局开始使用胡椒喷雾。国际部队以他们为榜样。
1993年-国际
《化学武器公约》规定士兵在战争期间不能使用RCA。
2011年-国际
在"阿拉伯之春"和"占领"抗议期间，警察对平民使用RCA。

介绍

从巴西到布鲁塞尔，从泰国到巴勒斯坦被占领土，催泪瓦斯和胡椒喷雾被用于平民身上。
这些所谓的"低致命性"武器被禁止用于战争，但允许警察使用，以安全和人道的名义在市场上销售

然而，它们却造成了伤害、死亡和侵犯人权的行为。

任何人都可能受到催泪瓦斯或胡椒喷雾的伤害。风险较高的人包括年轻人、老年人、哮喘患者、癫痫患者以及心脏或肺部较弱的人。

对身体的影响

左：
01. 恐慌
02. 呕吐
03. 喉咙痛
04. 心脏病发作
05. 胃痛
右：
06. 眼睛灼热
07. 鼻子痛
08. 呼吸急促
09. 腹泻

Minute Works设计

催泪瓦斯和胡椒喷雾鉴

WWW.RIOTID.COM
#RioID @RioID

图 4-27　催泪瓦斯和胡椒喷雾的信息可视化示例
（图片来源：Feigenbaum A、Alamalhodaei A，2020）

（3）可视分析学（Visual Analytics）

可视分析学是科学可视化和信息可视化理论的进一步演变，以及与其他学科相互交融发展之后的结果。在数据科学中，通常采用数据可视化的广义定义方法，并以可视分析学为主要理论基础。

2. 可视化方法论

可视化模型主要给出了可视化工作的基本框架与主要特点，但并没有给出其具体实现方法。从方法体系看，数据可视化的常用方法可以分为三个层次，如图4-28所示。

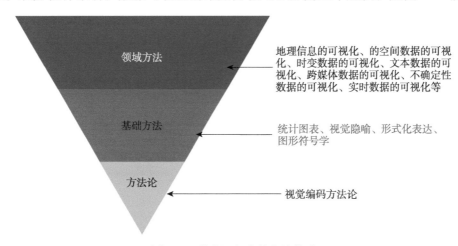

图 4-28　数据可视化的方法体系

（1）方法论

数据可视化的方法论基础为"视觉编码（Visual Encoding）"。视觉编码为其他数据可视化方法提供了方法学基础，奠定了数据可视化方法体系的根基。通常，采用视觉图形元素和视觉通道两个维度进行视觉编码。

（2）基础方法

基础方法建立在数据可视化的底层方法论——"视觉编码方法论"的基础上，但其应用不局限于特定领域，可以为高层的不同应用领域提供共性方法。常用的共性方法有统计图表、形式化方法、视觉隐喻和图形符号学等，如雷达图（如图4-29所示）和齐美尔连带（如图4-30所示）等。

（3）领域方法

领域方法建立在上述可视化基础方法上，其应用往往仅限于特定领域或任务范围。与基础方法不同的是，领域方法虽不具备跨领域/任务性，但在所属领域内其可视化的信度和效度往往高于基础方法的直接应用。常见的领域方法有地理信息的可视化、空间数据的可视化、时变数据的可视化、文本数据的可视化、跨媒体数据的可视化、不确定性数据的可视化、实时数据的可视化等。

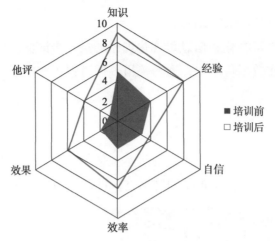

图 4-29 雷达图示例

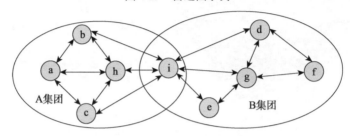

图 4-30 齐美尔连带示例

Jacques Bertin 与他的《图形的符号学》

自 Jacques Bertin 的《图形的符号学》出版以来，图形符号学成为数据可视化领域的新课题，有很多学者试图拓展和深入图形符号学理论。其中，最有代表性的是 Wilkinson 等撰写的经典著作《图形学的语法（The Grammar of Graphics）》。他们在 Jacques Bertin 图形学的基础上，提出了可视化算子（如图形变量的合并（+）、叉乘（*）、嵌套（/）、放大、缩放等）和图形美学术性的概念，且定义了如下一套图形语法规范。

数据：从数据集中生成变量的数据操作。

转换：数据变量间的转换。

框架：变量空间操作。

标度：标度之间的转换。

坐标：坐标系统。

图形：标准图形（对应 Bertin 的图形符号）及其美学术性（对应 Bertin 的视模网变量）。

参考：用于图形对象的对齐、分类和比对。

数据可视化技术的发展呈现出了高度专业化趋势，很多应用领域已出现了自己独特的数据可视化方法。

例如，1931 年，机械制图员 Harry Beck 借鉴电路图的制图方法设计出了伦敦地铁线路图（如图 4-31 所示）。1933 年，伦敦地铁试印了 75 万份他设计的线路图，这种线路图逐渐成为全球地铁路线的标准可视化方法，沿用至今。

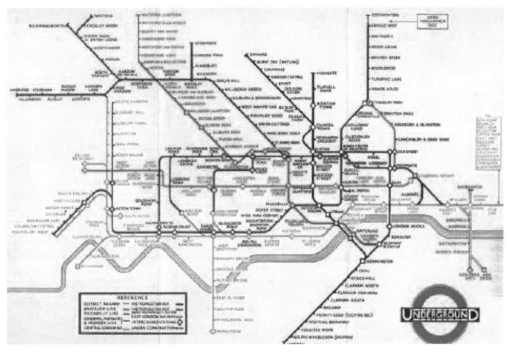

图 4-31　Harry Beck 设计的伦敦地铁线路图
（来源：伦敦交通博物馆）

3. 视觉编码理论

数据可视化的方法论基础称为"视觉编码"。视觉编码是指将数据映射成符合用户视觉感知的可见视图的过程，主要采用视觉图形元素和视觉通道两个维度进行可视化，如图 4-32 所示。其中，"图形元素"是指几何图形元素，如点、线、面、体等，主要用来刻画数据的性质，决定数据所属的类型；"视觉通道"是指图形元素的视觉属性，如位置、长度、面积、形状、方向、色调、亮度和饱和度等。视觉通道进一步刻画了图形元素，使同一个类型（性质）的不同数据有了不同的可视化效果。

从人类的视觉感知和认知习惯看，数据类型与视觉通道之间存在一定的关系。雅克·贝尔汀（Jacques Bertin）曾提出 7 个视觉通道的组织层次，并给出了可支持的数据类型，如表 4-2 所示。

因此，如何综合考虑目标用户需求、可视化任务本身以及原始数据的数据类型等多个影响因素，选择合适的视觉通道，并进一步有效展示成为数据可视化工作的重要挑战。图 4-33 给出了不同类型数据的视觉通道的选择和展示方法。

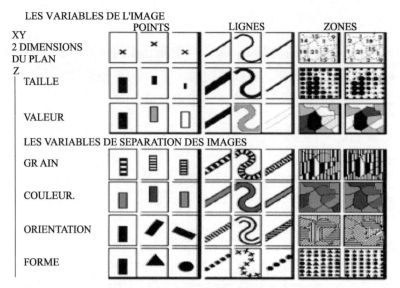

图 4-32　视觉图形元素与视觉通道

表 4-2　数据类型与视觉通道的对应关系图

视觉通道	定类数据	定序数据	定量数据
位置	Y	Y	Y
尺寸	Y	Y	Y
数值	Y	Y	Y（部分）
纹理	Y	Y（部分）	/
颜色	Y	/	/
方向	Y	/	/
形状	Y	/	/

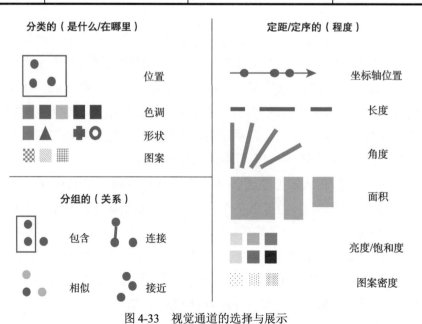

图 4-33　视觉通道的选择与展示

黄金比例准则

美学中的黄金比例（Golden Ratio）是可视化中常用的准则，它代表的是一个数学常数 φ，其取值约等于 1.618，计算公式如下：

$$\varphi = \frac{a+b}{a} = \frac{a}{b} \quad (a > b > 0)$$

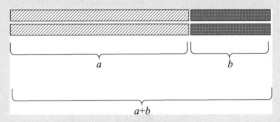

图 4-34　黄金比例

黄金比例具有严格的比例性、艺术性、和谐性，蕴藏着丰富的美学价值，而且呈现于不少人、动物和植物的外观，如图 4-35 所示。

图 4-35　黄金比例示例一

（图片来源：Marios Ioannides，2011）

现今很多工业产品、电子产品、建筑物或艺术品应用了黄金比例，以提高其美观性，如图 4-36 所示。

图 4-36　黄金比例示例二

（图片来源：Ali Mahfooz，2015）

需要提醒的是，在数据来源和目标用户已定的情况下，不同视觉通道的表现力不同。视觉通道的表现力的评价指标包括以下几种。

（1）精确性

精确性代表的是人类感知系统对于可视化编码结果和原始数据之间的吻合程度。斯坦福大学 Mackinlay 于 1986 年提出了不同视觉通道所表示信息的精确性，如图 4-37 所示。

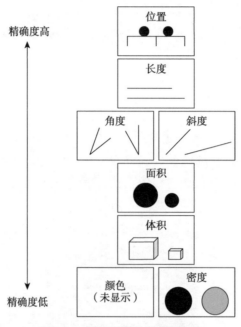

图 4-37　视觉通道的精确度对比

（2）可辨认性

可辨认性是指视觉通道的可辨认度。由于人的眼睛对视觉通道的辨认能力有限，所以，当用同一个通道表示多个值时，很容易造成人眼无法辨认的情况。以图 4-38 所示的颜色通道为例，当超过 6 个以上颜色表示不同值或颜色差别并不显著时，容易造成受众无法辨认和正确理解数据可视化——到底有几种颜色？哪些方形的颜色一样？

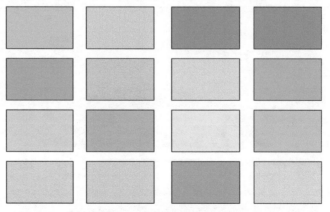

图 4-38　视觉通道的可辨认性

（3）可分离性

可分离性是指同一个视觉图形元素的不同视觉通道的表现力之间应具备一定的独立性。例如在图 4-39 中，选择采用两种视觉通道——面积和纹理分别代表图形元素的两个不同属性值，其可视化表现力较差。由于两种通道的表现力并不完全独立，当通道"面积"的取值较小时，可能影响另一个通道"纹理"的表现力。

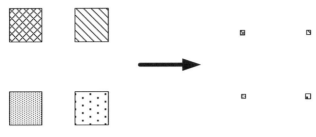

图 4-39　视觉通道的可分离性差

（4）视觉突出性

视觉突出性是指视觉编码结果能否在很短的时间内（如毫秒级）迅速、准确表达出可视化编码的主要意图。以图 4-40 为例，人们在左半部分和右半部分（二者的内容完全相同）计算数字"8"的个数所需的时间不同。由于右半部分中的数字"8"采用了背景颜色，区别于其他数字，很容易产生视觉突出现象。因此，在数据可视化中应充分利用人类视觉感知特征，以提高数据可视化的信度和效度。

123676873453123434654754683454561	123676873453123434654754683454561
234545657812312346547333223123212	234545657812312346547333223123212
234338465766223456567657563682 13	234338465766223456567657563682 13
872354657562323434565467567565656	872354657562323434565467567565656
234534564675678678979034234234 45	234534564675678678979034234234 45
345356467565334324742342375 34343	345356467565334324742342375 34343

图 4-40　视觉突出的示例

一般情况下，采用高表现力的视觉通道表示可视化工作要刻画重点的数据或数据的特征。但是，各种视觉通道的表现力往往是相对的，表现力值的大小与原始数据、图形元素及通道的选择、目标用户的感知习惯具有密切联系。因此，视觉通道的有效性是数据可视化中必须注意的问题之一。

4. 可视分析学

可视分析学（Visual Analytics）是一门以可视交互为基础，综合运用图形学、数据挖掘和人机交互等多个学科领域的知识，以实现人机协同完成可视化任务为主要目的的分析推理性学科。可视分析学是一门跨学科性较强的新兴学科，主要涉及的学科领域有科

学/信息可视化、数据挖掘、统计分析、分析推理、人机交互和数据管理等，如图 4-41
所示。

图 4-41　可视化分析学的相关学科

可视分析学的出现进一步推动了人们对数据可视化的深入认识。作为一门以可视交
互界面为基础的分析推理学科，可视分析学将人机交互、图形学、数据挖掘等引入可视
化之中，不仅拓展了可视化研究范畴，还改变了可视化研究的关注点。因此，可视分析
学的活动、流程和参与者也随之改变，比较有代表性的模型是 Keim D 等提出的可视化
分析学模型，如图 4-42 所示。

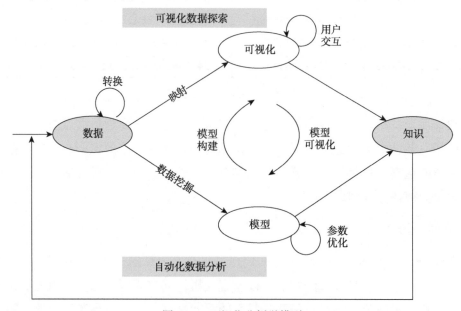

图 4-42　可视化分析学模型

可视分析学模型具有如下特点。

（1）强调数据到知识的转换过程

可视分析学中对数据可视化工作的理解发生了根本性变化——数据可视化的本质是将数据转换为知识，而不能仅仅停留在数据的可视化呈现层次之上。图4-42给出了两种从数据到知识的转换途径：一是模型可视化，二是建模构建。

（2）强调可视化分析与自动化建模之间的相互作用

可视化分析与自动化建模的相互作用主要体现在：一方面，可视化技术可作为数据建模中的参数改进的依据；另一方面，数据建模也可以支持数据可视化活动，为更好地实现用户交互提供参考。

（3）强调数据映射和数据挖掘的重要性

从数据到知识转换的两种途径——可视化分析、自动化建模——分别通过数据映射和数据挖掘两种不同方法实现。因此，数据映射和数据挖掘技术是数据可视化的两种重要支撑技术。用户可以通过两种方法的配合使用实现模型参数调整和可视化映射方式的改变，尽早发现中间步骤中的错误，进而提升可视化操作的信度与效度。

（4）强调数据加工工作的必要性

数据可视化处理之前一般需要对数据进行预处理（转换）工作，且预处理活动的质量将影响数据可视化效果。

（5）强调人机交互的重要性

可视化过程往往涉及人机交互操作，需要重视人与计算机在数据可视化工作中的互补性优势。因此，人机交互以及人机协同工作也将成为未来数据可视化研究与实践的重要手段。

5. 视觉假象

视觉假象（Visual Illusion 或 Optical Illusion）是数据可视化工作中不可忽略的特殊问题。视觉假象是指目标用户产生的错误或不准确的视觉感知，而这种感知与数据可视化工作者的意图或数据本身的真实情况不一致。

视觉假象的产生原因有很多，比较常见的原因如下。

（1）可视化视图所处的上下文（周边环境）可能导致视觉假象

人们对可视化视图的感知过程容易受到视图周围的上下文影响。以图4-43为例，由于线段A与B所处的背景图片显示出了从左至右变窄的效果，很容易给人线段A比线段B短的错觉，而实际上二者的长度是一样的。因此，视觉编码图元和视觉通道的选择应注意视图所处的上下文，避免给目标用户造成视觉假象。再如，以图4-44为例，由于竖线（段）两端存在背景箭头，容易给人左边竖线（段）长于右边竖线（段）的视觉假象，其实左右两条竖线（段）的长度相等。

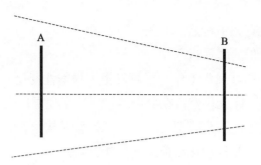

图 4-43　上下文可能导致视觉假象的示例一

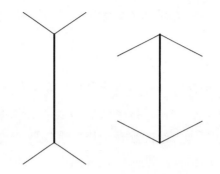

图 4-44　上下文可能导致视觉假象的示例二

（2）人眼对亮度和颜色的相对判断容易造成视觉假象

研究发现，人眼对亮度和颜色的感知具有明显的相对性，容易受到周围位置的亮度和颜色影响。例如，Edward Adelson 曾给出了如图 4-45 的视觉假象示例。由于图中有个圆柱体的阴影，人们容易产生一种视觉假象——色块 A 比色块 B 更亮。但是，当将色块 A 和 B 单独提取或二者之间用与其中的任何一个相同亮度的色带相连时，人们才会发现色块 A 和 B 的亮度相同。视觉编码过程中颜色和亮度的处理需要避免相对判断造成的视觉假象。

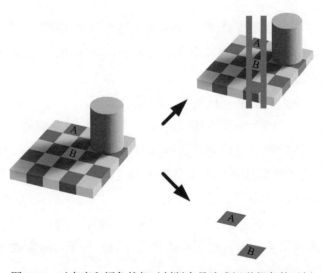

图 4-45　对亮度和颜色的相对判断容易造成视觉假象的示例

（3）目标用户的经历与经验可能导致视觉假象

视觉编码过程必须研究目标用户的视觉感知特征，包括个人经验、心理状态、文化背景、性格特征等。

4.3.3　数据可视化的应用

1．Anscombe 的四组数据

统计学家 F.J. Anscombe 于 1973 年提出了四组统计特征基本相同的数据集——Anscombe 的四组数据（Anscombe's Quartet）（如表 4-3 所示），从统计学角度难以找出其区别，该四组数据的均值、方差、相关度等统计特征均相同，线性回归线都是 $y=3+0.5x$。但是，可视化后容易找出它们的区别（如图 4-46 所示）。

表 4-3　Anscombe 的四组数据

I		II		III		IV	
x	y	x	y	x	y	x	y
10.0	8.04	10.0	9.14	10.0	7.46	8.0	6.58
8.0	6.95	8.0	8.14	8.0	6.77	8.0	5.76
13.0	7.58	13.0	8.74	13.0	12.74	8.0	7.71
9.0	8.81	9.0	8.77	9.0	7.11	8.0	8.84
11.0	8.33	11.0	9.26	11.0	7.81	8.0	8.47
14.0	9.96	14.0	8.10	14.0	8.84	8.0	7.04
6.0	7.24	6.0	6.13	6.0	6.08	8.0	5.25
4.0	4.26	4.0	3.10	4.0	5.39	19.0	12.50
12.0	10.84	12.0	9.13	12.0	8.15	8.0	5.56
7.0	4.82	7.0	7.26	7.0	6.42	8.0	7.91
5.0	5.68	5.0	4.74	5.0	5.73	8.0	6.89

2．John Snow 的鬼地图

英国麻醉学家、流行病学家、麻醉医学和公共卫生医学的开拓者 John Snow 采用数据可视化的方法研究伦敦西部西敏市苏活区霍乱，并首次发现了霍乱的传播途径及预防措施。当时，霍乱病原体尚未发现，一直被认为是致命的疾病——既不知道它的病源，也不了解治疗方法。1854 年，伦敦再次暴发霍乱事件，个别街道上的灾情极为严重，在短短 10 天之内就死去了 500 余人。

为此，John Snow 采用基于信息可视化的数据分析方法，在一张地图上标明了所有死者居住过的地方（如图 4-47 所示）后，发现许多死者生前居住在宽街的水泵附近，如 16、37、38、40 号住宅。同时，他惊讶地看到，宽街 20 号和 21 号以及剑桥街上的 8 号和 9号等住宅却无人死亡。

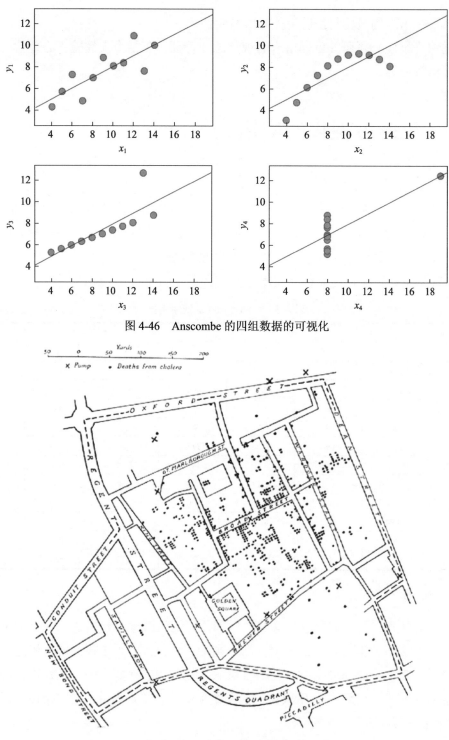

图 4-46　Anscombe 的四组数据的可视化

图 4-47　John Snow 的鬼地图

（图片来源：Steven Johnson，2006）

　　他进一步调查分析发现，住在上述无人死亡的住宅的人们都在剑桥街 7 号的酒馆里打工，而且该酒馆为他们免费提供啤酒。相反，霍乱流行最为严重的两条街的人们喝的是被霍乱患者粪便污染过的脏水。因此，他断定这场霍乱与水源之间存在关系，并提议通过拆掉灾区水泵把手的方法防止人们接触被污染的水，最终成功地阻止了此次霍乱的继续流行，推动了流行病学的兴起。

3. 拿破仑入侵俄罗斯惨败而归的历史事件的数据可视化

Charles Joseph Minard 以可视化方式呈现过 1812 年至 1813 年拿破仑入侵俄罗斯惨败而归的历史事件，如图 4-48 所示。

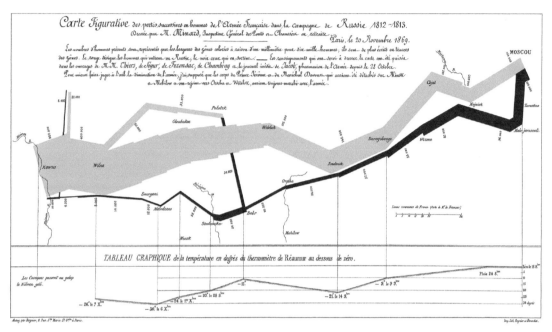

图 4-48　1812 年至 1813 年拿破仑入侵俄罗斯惨败而归的历史事件的可视化
（作者：Charles Joseph Minard）

在拿破仑入侵俄罗斯惨败而归的历史事件的数据可视化中：
- 采用箭头和线宽分别代表行军方向及军队数量变化。
- 通过线条的相对位置表达了军队会合和分散的过程，并标注了具体的地点和时间信息。
- 最下边给出了拿破仑部队撤退过程中的温度变化。

4.4　可解释性机器学习

在可解释性机器学习（Interpretable Machine Learning）中，可解释性（Interpretability）是指采用人——尤其是非专业人士——可理解的方式表达的能力。

机器学习（包括深度学习）领域的一个主要矛盾是性能与可解释性之间的矛盾。有些算法（如决策树）的可解释性很好，但其性能不高。相反，有些算法（深度学习）的性能很高，但可解释性较差，如图 4-49 所示。

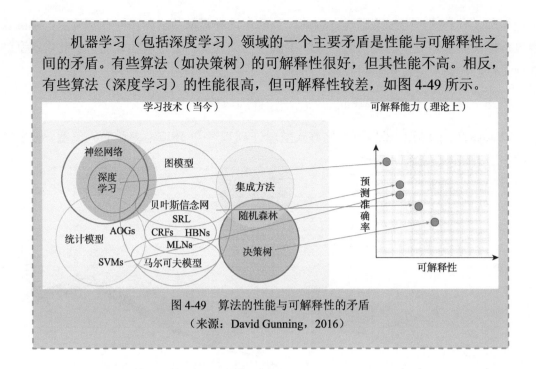

图 4-49　算法的性能与可解释性的矛盾
（来源：David Gunning，2016）

4.4.1　与数据故事化的联系

可解释性机器学习是数据故事化的主要理论基础之一，为数据故事建模，尤其对数据分析模型的解释具有重要指导意义，如图 4-50 所示。

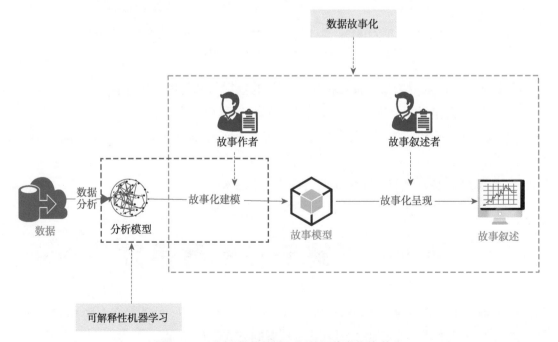

图 4-50　可解释性机器学习与数据故事化的联系

从图 4-50 可以看出，数据故事化是在数据分析的基础上进行的，数据分析的结果往往是数据故事化的输入内容。因此，正确理解数据分析模型及其输出结果是很多数据故事化实践的关键所在。可解释性机器学习领域的研究为数据故事化（尤其是数据故事化中对算法的理解和结果的解释）提供了理论依据。

4.4.2　可解释性机器学习的理论与方法

可解释性机器学习中的解释方法的基本分类如图 4-51 所示。

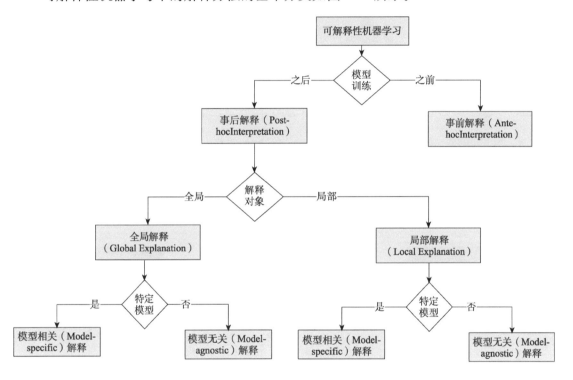

图 4-51　可解释性机器中的解释方法的基本分类
（图片来源：Christina B. Azodi，2020）

1. 事前解释和事后解释

根据解释活动和被解释的模型和结果的生成之间的先后关系，机器学习的可解释性可以分为事前（Ante-hoc）解释和事后（Post-hoc）解释。前者表示通过训练简单、容易理解的自解释性模型，使模型本身具备可解释能力，而后者表示通过开发可解释性技术解释已经训练好的复杂模型。

① 事前解释（Ante-hoc Interpretation）旨在训练出相对简单的、一般人容易理解的模型，常用的模型有逻辑回归、KNN、决策树、贝叶斯网络和基于规则的模型，如图 4-52 所示。

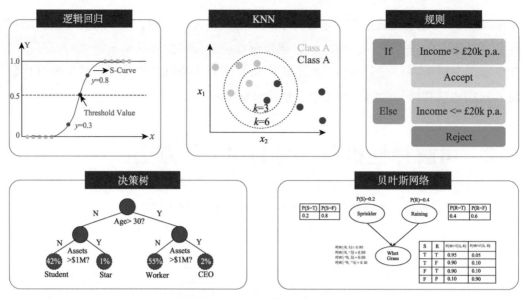

图 4-52 常用事前解释模型
（图片来源：Belle V and Papantonis I，2021）

② 事后解释（Post-hoc Interpretation）关注的是针对复杂的、一般人无法理解的模型，通过开发可解释技术对其进行解释。事后解释技术中对模型的解释发生在其训练之后，即采用可解释技术对已有模型进行解释。常用的事后解释技术有特征相关性、示例、可视化、模型简化和局部解释等，如图 4-53 所示。

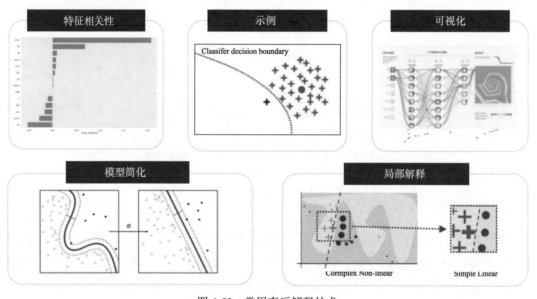

图 4-53 常用事后解释技术
（图片来源：Belle V and Papantonis I，2021）

2. 模型相关解释和模型无关解释

根据解释方法与被解释的模型和结果之间的关联性，解释分为模型相关（Model-specific）解释和模型无关（Model-agnostic）解释（如表 4-4 所示），分别表示仅针对特定模型的专用解释和支持所有模型的通用解释技术。

表 4-4　模型相关/模型无关的解释方法（来源：Stiglic G、Kocbek P、Fijacko N，2020）

	全局解释	局部解释
模型相关解释	决策树 回归模型 朴素贝叶斯分类器 GNN 解释器	规则集（针对特定个体） 决策树（通过树分解） 大多数基于视觉分析的方法 K 近邻（KNN） GNN 解释器
模型无关解释	模型压缩/知识蒸馏/全局代理模型的不同变体 部分依赖图（PDP） 个体条件期望（ICE） 通过透明近似的黑箱解释（BETA） 通过子空间解释（MUSE）理解模型	模型无关的局部可解释（LIME） SHAP Anchors 注意力地图可视化 通过子空间解释（MUSE）理解模型

① 模型相关解释方法是针对特定模型的专用解释方法，只能用来解释对应的模型，如针对随机森林的解释方法。

② 模型无关解释方法不依赖于具体模型，可支持任何模型的解释，因此更具有灵活性和通用型。模型无关解释方法的常用方法有部分依赖图(Partial Dependence Plot, PDP)、个体条件期望（Individual Conditional Expectation，ICE）、特征交互（Feature Interaction）、特征重要性(Feature Importance)、替代模型（Surrogate Models）、Shapley 值解释（Shapley Value Explanations）和 LIME（Local Interpretable Model Explanations）算法等。

3. 局部解释和全局解释

根据解释对象的不同，解释技术又可以分为全局解释（Global Explanation）和局部解释（Local Explanation）。与全局解释不同的是，局部解释针对的是特定输入样本，其研究目的是帮助人们理解所训练的模型针对某个特定输入样本及其近似数据的决策过程。局部解释与全局解释的对比如图 4-54 所示。

全局解释主要研究的是如何从整体上解释模型，解释内容涉及模型的工作原理、训练过程、模型结果等。全局解释技术的研究热点是以解释规则的提取为核心的"规则提取"（Rule Extraction）、以降低待解释模型的复杂度为特征的"模型蒸馏"（Model Distillation）和以在特定层上找到神经元的首选输入最大化神经元激活为特征的"激活最大化"（Activation Maximization）。全局解释的前提是掌握模型的实现细节，但是在现实应用中，考虑到商业目的和知识产权保护，被解释模型往往是保密的，用户无法掌握其实现细节。因此，全局解释的应用范围有限。

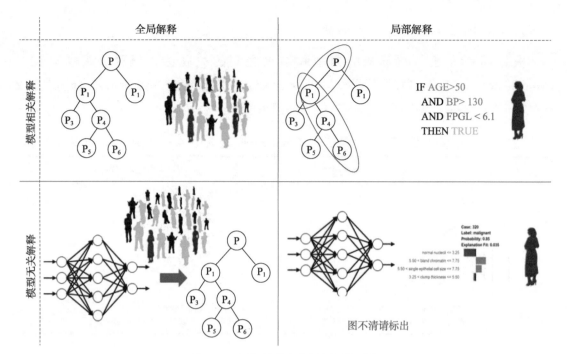

图 4-54　局部解释和全局解释的对比

目前，局部解释方法的研究主要集中在以自变量对因变量的影响分析为基础的"敏感性分析"（Sensitivity Analysis）、以利用简单可解释的解释模型来模拟和拟合待解释模型的结果为中心的"局部近似解释"、以深度神经网络的反向传播机制为基础的"梯度反向传播解释"（Gradient Back Propagation）、以神经网络中间特征表征技术为基础的"特征反转解释"（Feature Inversion）和利用全局平均池化（Global Average Pooling）技术的"类激活映射解释"（Class Activation Mapping）。

4.4.3　可解释性机器学习的应用

"预测性分析结果的数据故事化描述方法及关键技术"是本书作者正在主持完成的国家自然科学基金项目。项目组认为，个性化推荐、自动驾驶、智能医疗等自动决策类应用的普及使得在不泄露预测模型的技术细节及背后商业秘密的前提下，向非专业人士解释预测性分析结果成为亟待研究的新课题。为此，本项目综合运用数据科学、软件工程和可解释性机器学习等研究方法，拟提出一种与预测模型无关、局部可解释、支持多种叙述方式的数据故事化描述方法，并重点解决其中的数据故事建模、局部故事化代理模型的训练、代理故事的分类体系及形式化描述、形式化脚本的自动校验与优化等关键技术，并开发出 Python 工具包在开源社区中分享与维护。本项目以预测性分析结果的故事化描述为抓手，研究侧重点从故事叙述前置至故事形式化描述，改变了目前数据故事化领域普遍采用的传统研究范式。本项目研究对于当前数据分析类软件中新增故事化功能模块，深入开展数据故事化、数据分析、数据产品开发等领域的理论研究以及解决自动决策带来的伦理、道德、法律和信任问题具有重要引领作用。图 4-55 给出了本项目的研究边界及内容。

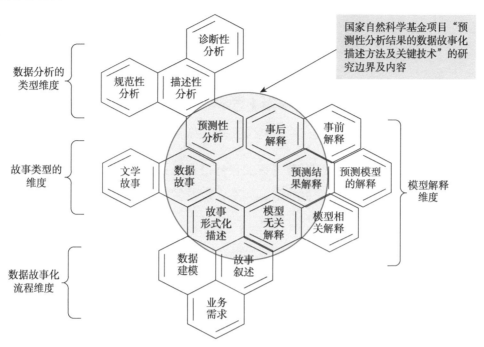

图 4-55　国家自然科学基金项目"预测性分析结果的数据故事化描述方法及关键技术"的研究边界及内容

4.5　自然语言处理

自然语言处理（Natural Language Processing，NLP）是人工智能的一个分支，主要研究目的是帮助计算机理解、解释和处理人类语言。

4.5.1　自然语言处理与数据故事化的联系

从数据故事化看，自然语言处理的两个重要分支——自然语言生成（Natural Language Generation，NLG）和自然语言理解（Natural Language Understanding，NLU）具有重要意义，如图 4-56 所示。

自然语言理解主要关注以自然语言作为输入，处理后输出为机器可读的语义表示，主要涉及对词汇歧义、句法歧义和参照歧义的处理。自然语言理解是数据故事化建模尤其是文本数据分析的关键技术之一。

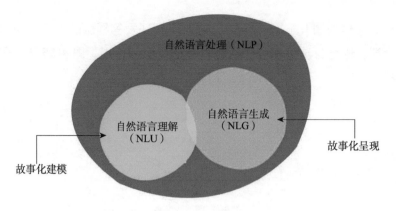

图 4-56 自然语言处理与数据故事化

自然语言生成将语义信息以人类可读的自然语言形式进行表达，利用计算机选择并执行一定的语法和语义规则生成自然语言文本，涉及句子规划、话语规划和文本实现。自然语言生成是数据故事化呈现的关键技术之一。

4.5.2 自然语言处理的理论与方法

自然语言处理主要应用于分词、信息检索、命名实体识别、文本分类、词义消歧、词性标记、情感分析、问答系统、自动语音识别、机器翻译等多个领域。自然语言处理的输入通常是文本、口语或键盘输入，形式可以是句子、段落或文章，任务包括翻译成另一种语言、理解文本内容、建立数据库、生成摘要、在计算机界面与用户对话等，输出内容根据待处理任务有不同的形式。常见的自然语言处理的应用过程如表 4-5 所示。

传统的自然语言处理的基本流程包括：数据预处理（词干化、分词等）、特征工程、学习和预测。传统的自然语言处理技术对人工的要求较高且容易丢失潜在有用信息，基于深度学习的自然语言处理方法逐渐被广泛应用。自然语言处理的深度学习流程包括：分词、将句子用数值表示、输入到深层模型并训练模型、优化深层模型、预测。

1. 词袋模型

词袋模型（Bag of Words，BoW）是指将文本看作无序的词或词组的集合，从而将文本用向量表示，通常根据每个单词或词组出现的次数将向量元素标记为 1、2、3 等，如果文本中的单词或词组在语料库词汇表中没有出现，就标记为 0。词袋模型被广泛应用于计算机视觉、自然语言处理、贝叶斯垃圾邮件过滤以及通过机器学习进行文档分类和信息检索等领域。例如，一个包含三句话的文本文档"the cat sat, the cat sat in the hat, the cat with the hat"，首先定义语料库词汇表为：the, cat, sat, in, hat 和 with，计算每个单词出现的次数并将其映射到词汇表中（如表 4-6 所示），那么该文本文档可用向量表示为：[[1, 1, 1, 0, 0, 0], [2, 1, 1, 1, 1, 0], [2, 1, 0, 0, 1, 1]]。

表 4-5　自然语言处理的应用过程

任　务	输入（Input）	处理过程（P）	输出（Output）
分词	一段连续文本	去除停用词；文本分割	独立的单词
语音识别	一段连续语音	构建语音特征矢量模板库；语音信号预处理；语音特征提取；模式匹配	与语音相匹配的句子或关键词
命名实体识别	一段连续文本	识别实体边界；标注实体类别，明确文本中具有特定意义的实体名称，如人名、地名、机构名、专有名词等	带有实体类别标记的文本或者实体及其类别列表
情感分析	基于词典的方法：情感词典，计算规则，待预测文本 基于机器学习的方法：人工标注的训练文本，待预测文本	基于词典的方法：构建词典和规则；将文本拆解为句子，再将句子拆分为词语；根据词典和规则计算句子情感得分 基于机器学习的方法：文本预处理（构建词袋模型或词嵌入）；模型训练；预测	基于词典的方法：情感得分 基于机器学习的方法：情感倾向的概率
文本摘要	一段连续文本	抽取文本摘要：将段落文本拆解为句子；文本预处理；计算句子权重；排序并重组相关句子以生成摘要 自动生成文本摘要：文本分析；语义转述；生成摘要	一段近似自然语言的连续文本
语言翻译	一种语言的单词、句子或段落	基于规则的方法：制定翻译规则；语言转换 基于统计的方法：分析语料库；构建训练模型；利用模型预测翻译结果出现概率	另一种语言的单词、句子或段落
问答系统	用自然语言做出的提问	构建数据库；问句处理；问题抽象；问题分类；问句还原；答案检索；答案生成	近似于自然语言的回答
主题分类	已被标注的训练文本集合多段连续文本	文本预处理；特征抽取；模型训练；模型评价；预测	文本属于各分类的概率

表 4-6　词袋模型示例（来源：Victor Zhou 2019）

句　子	the	cat	sat	in	hat	with
the cat sat	1	1	1	0	0	0
the cat sat in the hat	2	1	1	1	1	0
the cat with the hat	2	1	0	0	1	1

2. *N*-grams 模型

在自然语言处理中，*N*-grams 模型是指从不少于 *N* 个字符的文本中提取出长度为 *N* 的字符串的集合，各字符之间有前后顺序。

当 *N*=1 时，它被称为 Unigram；当 *N*=2 时，它被称为 Bigram；当 *N*=3 时，它被称为 Trigram；当 *N*=n 时，它被称为 *n*-gram，根据 *n* 个字符同时出现的概率来推断语句的结构。

例如，对于 "This is a sentence" 句子，当 *N*=1 时，一次只取 1 个单词，分解得出的

Unigram 集合为{this, is, a, sentence}；当 *N*=2 时，一次取 2 个单词，分解得出的 Bigram 集合为{this is, is a, a sentence}；当 *N*=3 时，一次取 3 个单词，分解得出的 Trigram 集合为{this is a, is a sentence }，如图 4-57 所示。

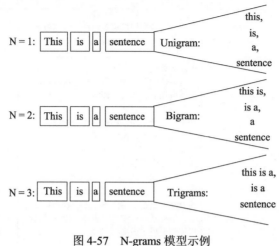

图 4-57　N-grams 模型示例
（来源：Joydeep Bhattacharjee，2021）

N-grams 模型被广泛应用于拼写和语法验证、语音识别、机器翻译、字符识别等领域，集合中的元素可以是字母、单词、音素、音节等。

3. TF-IDF 算法

TF-IDF 是一种计算某词项在一组文档中的权重的方法，反映一个词对一个集合或语料库中的文档的重要性，通常作为权重因子被应用于信息检索和文本挖掘领域中。其中：TF（Term Frequency）表示词项频率，即词项在文档中出现的频率，记为 TF_{ij}，其中 *i* 对应词项，*j* 对应文档；IDF（Inverse Document Frequency）表示逆文档频率，即总文档数目除以包含词项 *i* 的文档数目，再对结果进行 10 为底的对数计算，记为 IDF_i，可以表示词项在文档中的普遍重要性。

对于每篇文档中的每个词项，其 TF 和 IDF 相乘形成的最终权重为 TF-IDF 权重，具体计算公式如下：

$$w_{ij}=\text{TF}_{ij}\times\log\frac{N}{\text{IDF}_i}$$

可见，当词项在少数几篇文档中出现多次时，可计算得出该词项在文档中所占权重最大，即能够对这些文档提供最强的区分能力。

4. 文本规范化

文本规范化（Text Normalization）是自然语言处理中的一项预处理技术，通常是文本到语音系统中的一个重要步骤，将书面文本转换为口语形式，以便于语音识别、自然语言理解和文本到语音合成。文本规范化将表示相同含义的单词的各种变化形式统一为一种通用形式，其主要任务包括：分词（Tokenization）、词干提取（stemming）、词形还原（Lemmatization）、句子拆分（Sentence Segmentation）、拼写校正（Spelling Correction）等。

以原始文本"i am chinese.""I AM CHINESE.""I AM Chinese."和"i am Chinese."为例，经过文本规范化处理后，统一为"I am Chinese."，如图 4-58 所示。除了普通单词和名称，还有数字、缩写、日期、货币金额和首字母缩写等非标准词形式，文本规范化技术也要对这种非标准词进行统一。

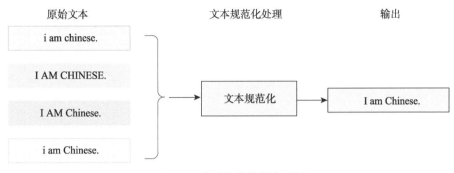

图 4-58　文本规范化技术示例

5. 词性标注

词性标注（Part Of Speech Tagging，POS Tagging）是将根据词的含义和语境将语料库中的词语分配给特定的词性的技术。目前，词性标注技术广泛应用于机器翻译、自然语言文本处理与摘要、多语言和跨语言信息检索、语音识别、句法分析和专家系统中。

以美国麻省理工学院 Andrew McAfee 教授的名言"The world is one big data problem"为例，分别对句子中的 7 个词进行拆分和词性标注后，得到 5 种词性——名词（NN）、动词（VB）、冠词（DT）、形容词（JJ）和数词（NUM），如图 4-59 所示。

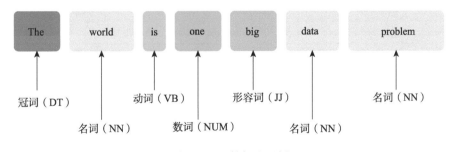

图 4-59　词性标注示例

jieba（"结巴"，中文分词工具）是目前较为常用的中文文本处理系统。在 jieba 包中，分词处理用到的函数为 jieba.posseg.cut()，自定义词汇用到的函数为 jieba.add_word()，停用词处理建议自行编写代码，获得关键词用到的函数为 jieba.analyse.extract_tags()。表 4-7 给出了 jieba 包中的词性标签。

表 4-7 jieba 词性标签

词性英文名称	词性中文名称	含 义
ag	形语素	形容词性语素。形容词代码为 a，语素代码 g 前面置以 a
a	形容词	取英语形容词 adjective 的第 1 个字母
ad	副形词	直接作状语的形容词。形容词代码 a 和副词代码 d 并在一起
an	名形词	具有名词功能的形容词。形容词代码 a 和名词代码 n 并在一起
b	区别词	取汉字"别"的声母
c	连词	取英语连词 conjunction 的第 1 个字母
dg	副语素	副词性语素。副词代码为 d，语素代码 g 前面置以 d
d	副词	取 adverb 的第 2 个字母（因其第 1 个字母已用于形容词）
e	叹词	取英语叹词 exclamation 的第 1 个字母
f	方位词	取汉字"方"的声母
g	语素	绝大多数语素都能作为合成词的"词根"，取汉字"根"的声母
h	前接成分	取英语 head 的第 1 个字母
i	成语	取英语成语 idiom 的第 1 个字母
j	简称略语	取汉字"简"的声母
k	后接成分	
l	习用语	习用语尚未成为成语，有点"临时性"，取"临"的声母
m	数词	取英语 numeral 的第 3 个字母（n、u 已有他用）
ng	名语素	名词性语素。名词代码为 n，语素代码 g 前面置以 n
n	名词	取英语名词 noun 的第 1 个字母
nr	人名	名词代码 n 和"人（ren）"的声母并在一起
ns	地名	名词代码 n 和处所词代码 s 并在一起
nt	机构团体	"团"的声母为 t，名词代码 n 和 t 并在一起
nz	其他专名	"专"的声母的第 1 个字母为 z，名词代码 n 和 z 并在一起
o	拟声词	取英语拟声词 onomatopoeia 的第 1 个字母
p	介词	取英语介词 prepositional 的第 1 个字母
q	量词	取英语量词 quantity 的第 1 个字母
r	代词	取英语代词 pronoun 的第 2 个字母，因 p 已用于介词
s	处所词	取英语 space 的第 1 个字母
tg	时语素	时间词性语素。时间词代码为 t，在语素的代码 g 前面置以 t
t	时间词	取英语 time 的第 1 个字母
u	助词	取英语助词 auxiliary 的第 2 个字母（因第 1 个字母已用于形容词）
vg	动语素	动词性语素。动词代码为 v，在语素的代码 g 前面置以 v
v	动词	取英语动词 verb 的第一个字母
vd	副动词	直接作状语的动词。动词和副词的代码并在一起

词性英文名称	词性中文名称	含　义
vn	名动词	指具有名词功能的动词。动词和名词的代码并在一起
w	标点符号	
x	非语素字	非语素字只是一个符号，字母 x 通常用于代表未知数、符号
y	语气词	取汉字"语"的声母
z	状态词	取汉字"状"的声母的第 1 个字母
un	未知词	不可识别词及用户自定义词组。取英文 unknown 的前两个字母（非北大标准，CSW 分词中定义）

4.5.3　自然语言处理的应用

Narrative Science 是一家基于自然语言处理的数据故事化技术和工具的供应商，成立于 2010 年，总部位于芝加哥。Narrative Science 创建的软件可以根据企业数据编写故事，以推动理解和结果。在人工智能的支持下，该公司的技术自动将数据转化为易于理解的报告，将统计数据转化为故事，并将数字转化为知识。

目前，Narrative Science 与德勤、USAA、万事达等 80 余家企业客户合作，通过基于自然语言处理的数据故事化技术和工具，帮助这些企业客户理解关键业务指标并采取行动，做出更好的决策，并将其人才集中在更高价值的任务上。

目前，Narrative Science 主要提供的数据故事化工具有两种：Lexio 和 Quill。

1. Lexio

Lexio 是一种基于自然语言理解的增强性分析工具，可将业务数据转化为交互式自然语言（英文）故事，如图 4-60 所示。

Lexio 不仅对常用数据源，如 Salesforce、Google Analytics、Marketo 等具有较强的集成能力，还具备如下三个主要特点。

- 主动：Lexio 为用户带来洞察力，预测他们接下来需要了解的内容，并允许他们通过标记采取行动。
- 简单：Lexio 以通俗易懂的故事形式为用户提供数据洞察（Insights）。
- 个性化：Lexio 不是静态仪表板，而是为每个用户提供个性化的数据摘要。

2. Quill

Quill 是一个智能自动化平台，支持基于自然语言生成技术自动生成各种数据分析报告，较好地模拟了数据分析师手工创建的各类报告的逻辑、语言、分析和格式。目前，来自多个领域（如财务、审计、风险、分析等）的企业用户正在使用 Quill 来自动化大量

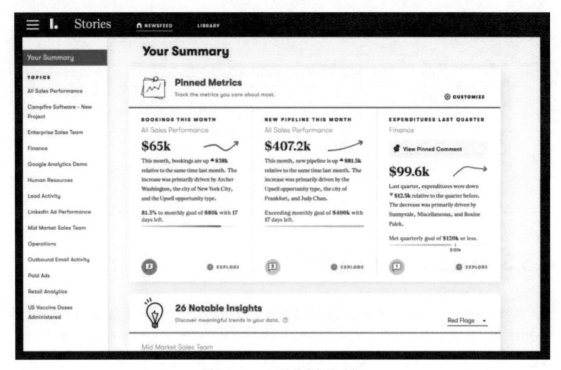

图 4-60　Lexio 的故事叙述功能

（图片来源：Narrative Science 官网）

耗时的报告工作流程。

在数据故事化方面，Quill 为数据可视化工具和商务智能类软件工具提供了"开箱即用"自然语言生成技术。目前，Tableau、Qlik 和 PowerBI 通过 Narrative Science 的 Quill 工具，在自己生成的仪表板中嵌入纯英文评论，以帮助用数据讲述故事。例如，Tableau 将 Quill 作为扩展插件，将 Quill 与 Tableau 仪表板功能无缝集成，为用户提供基于自然语言生成的数据故事的创建功能。通过 Quill 提供的自然语言生成功能，基于 Tableau 的数据故事创作者可以对 Tableau 仪表板生成自然语言描述语句。

图 4-61 是 Tableau 集成 Narrative Science Quill 后生成的数据故事化功能的结果。

目前，Tableau 的自然语言处理能力主要体现在两方面：一是以"数据问答"（Ask Data and Explain Data）为代表的 Tableau 自己提供的自然语言处理功能，二是以 Narrative Science Quill 为代表的第三方扩展工具。

小　结

本章主要讲解了"数据故事化的理论基础"，与第 3 章"数据故事化的基础理论"有所不同："数据故事化的基础理论"在数据故事化的范畴和边界之内，是数据故事化域最基本和最核心的理论；"数据故事化的理论基础"在数据故事化的范畴和边界之外，是数

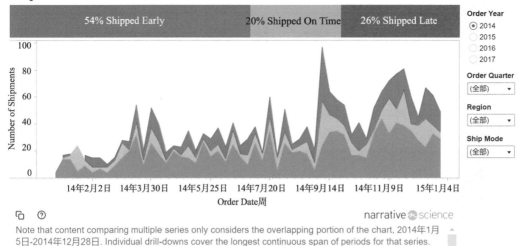

Shipment Trends

54% Shipped Early　20% Shipped On Time　26% Shipped Late

Order Year
⦿ 2014
○ 2015
○ 2016
○ 2017

Order Quarter
(全部) ▾

Region
(全部) ▾

Ship Mode
(全部) ▾

Note that content comparing multiple series only considers the overlapping portion of the chart, 2014年1月5日-2014年12月28日. Individual drill-downs cover the longest continuous span of periods for that series.

Accounting for your selection, this analysis measures number of shipments by week and by ship status.

- Total number of shipments was **1,463** across both ship statuses and across all **52** weeks.
- Both Shipped On Time and Shipped Early increased from 2014年1月5日 to 2014年12月28日, with Shipped On Time rising by **400%** and Shipped Early rising by **107%** over that time frame.
- Shipped On Time finished trending downward in the final week, more than Shipped Early.
- Shipped Early and Shipped On Time had a weak positive correlation, suggesting that as one (Shipped Early) increases, the other (Shipped On Time) may also increase, or vice versa.
- Shipped Early was greater than Shipped On Time **90%** of the time (higher by **12.94** on average).
- The **1,463** in number of shipments across the ship statuses was driven by Shipped Early with **1,068** and Shipped On Time with **395**.

图 4-61　Tableau 数据故事中基于 Narrative Science Quill 的自然语言语句
（图片来源：Tableau 官网）

据故事化理论的依据及根源。

首先，以数据科学与数据故事化的内在联系为中心，讲解了数据科学的基本理论与方法，并分析了谷歌禽流感趋势分析、Metromile 项目及保险产品的创新、Amazon 预期送货技术专利等经典案例。

其次，以认知科学与数据故事化的内在联系为中心，讲解了认知科学的基本理论与方法，并分析了视觉认知中的格式塔分组原则等经典案例。

再次，以数据可视化与数据故事化的内在联系为中心，讲解了数据可视化的基本理论与方法，并分析了 Anscombe 的四组数据、John Snow 的鬼地图和拿破仑入侵俄罗斯惨败而归的历史事件的数据可视化等经典案例。

接着，以可解释性机器学习与数据故事化的内在联系为中心，讲解了可解释性机器学习的基本理论与方法，并分析了作者正在主持完成的国家自然科学基金项目"预测性分析结果的数据故事化描述方法及关键技术"的研究边界及内容。

最后，以自然语言处理与数据故事化的内在联系为中心，讲解了自然语言处理的基本理论与方法，并分析了 Narrative Science 的数据故事化工具——Lexio 和 Quill。

思 考 题

1. 简述数据的故事化建模与故事化呈现的区别与联系。
2. 简述数据科学的主要理论与方法以及在数据故事化中的应用。
3. 简述认知科学的主要理论与方法以及在数据故事化中的应用。
4. 简述数据可视化的主要理论与方法以及在数据故事化中的应用。
5. 简述可解释性机器学习的主要理论与方法以及在数据故事化中的应用。
6. 简述自然语言处理的主要理论与方法以及在数据故事化中的应用。

第 5 章
数据故事化的方法与技术

DS

可视化是数据故事化的实现手段之一。

——朝乐门

数据故事的自动化生成与工程化研发是数据故事研究的重要课题，也是数据故事化领域的理论研究和实践应用的新使命。本章以数据故事的自动化生成与工程化实现为目的，讲解数据故事化的主要方法和技术，包括：可视故事化，SHAP 方法，Facet 技术，反事实解释方法，LIME 算法，Anchors 算法，对比解释法，A/B 测试，混淆矩阵。

5.1　可视故事化

5.1.1　可视故事化的定义

可视故事化是指以可视化方法为主要叙事手段的故事创作过程。通常，人们将采用可视故事化方法生成的故事称为"可视故事"。可视故事及其故事点可以为统计图表、照片、插图、视频，还可以采用文字、语音和视频来增强可视故事的效果。

可视故事化处于数据可视化与数据故事化的交叉之处，如图 5-1 所示。在可视故事化中，数据故事化是目的，而数据可视化是手段。通常，作为辅助手段，数据可视化在数据故事化的理论研究和实践活动中得到广泛应用。

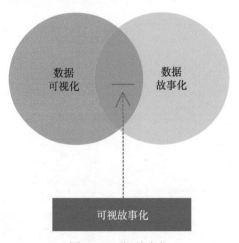

图 5-1　可视故事化

目前，可视故事化是数据故事化中最为活跃的一个分支，数据故事化的现有研究成果主要集中于数据可视化领域。可视故事的常见类型有 7 种（如图 5-2 所示）：杂志，流程图，连环画，标注图表，分区海报，幻灯片，电影/视频/动画。

5-2　可视故事化的类型

（图片来源：Segel E，Heer J，2010）

5.1.2　可视故事化的特征

可视故事化并不等同于数据可视化。数据可视化侧重的是数据要素的可视化，而可视故事化侧重的是如何将数据要素做成数据产品——数据故事。相对于数据可视化，可视故事化更加强调数据产品的增值性和用户体验，如图 5-3 所示。

数据可视化 | 可视故事化

图 5-3　数据可视化与可视故事化的区别

（图片来源：Lindy Ryan，2018）

在 Tableau 中，可视故事（Visual Story）由若干故事点（Story Points）组成，而每个故事点包含一个或多个可视化图表。

5.1.3　可视故事化的方法

可视故事化的实现方式有多种，如统计图表、照片、插图、视频等。其中，可视故事化中常用的统计图表如下。

1. 条形图

条形图（Bar Chart）是用宽度相同的条形的高度或长短来表示数据多少的图形。条形的方向可以为垂直或水平。条形图显示的是分类型数据（Categorical Data）之间的比较，其横轴（或纵轴）表示正在比较的类别（如课程名称），纵轴（或横轴）表示测量值（如选课人数），如图 5-4 所示。

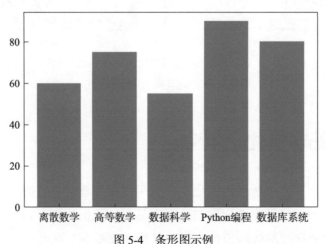

图 5-4　条形图示例

2. 饼图

饼图（Pie Chart）主要表示整体与部分之间的比例关系，一般以二维或三维格式显示每个数值相对于总数值的大小。需要注意的是，饼图显示是各数据之间的相对比例关系，而不是其绝对值，如图 5-5 所示。

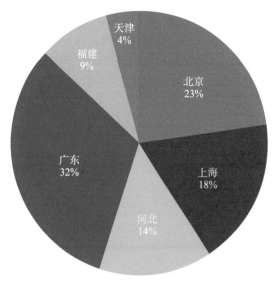

图 5-5　饼图示例

3. 箱线图

箱线（Box-plot）图是由 John W. Tukey 发明的一种用于可视化数据分布的统计制图方法，如图 5-6 所示。

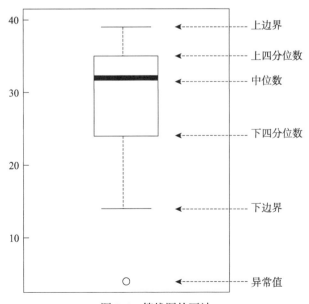

图 5-6　箱线图的画法

① 箱（长方形盒子）：表示数据的大致范围，一般为数据取值范围的 25%～75%。需要注意的是，数据的实际取值范围用箱盒上部和下部的两根横线表示。

② 线（盒子中的横线）：表示均值的位置。

4. 散点图

散点图（Scatter Diagram）主要用于显示数据点在笛卡尔坐标系统中的分布情况，每个点对应的横坐标、纵坐标代表的是该数据在对应维度上的属性值，如图 5-7 所示。

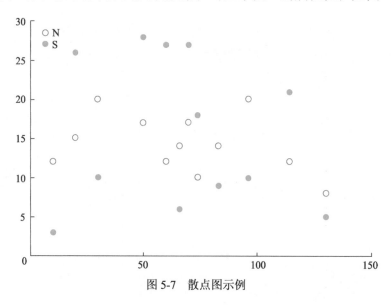

图 5-7　散点图示例

在实际应用中，受众经常采用散点图矩阵的方式来表示高维（二维）数据的分布特征，如图 5-8 所示。

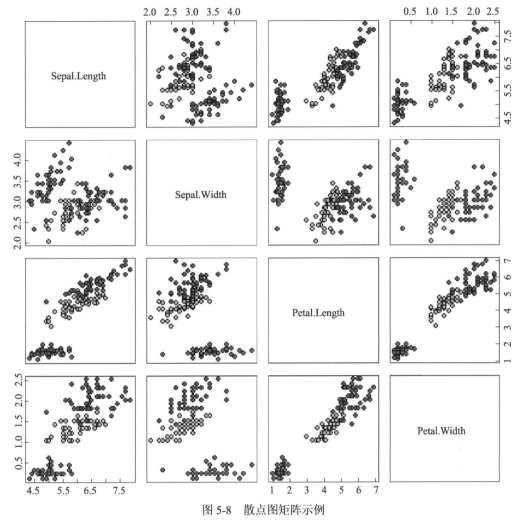

图 5-8　散点图矩阵示例

5. 维恩图

维恩图（Venn Diagram）是 John Venn 于 1880 年（左右）提出的一种数据的集合运算的可视化方法——使用平面上的封闭环图形元素之间的重叠关系表示数据集合的并与交等集合运算，如图 5-9 所示。

6. 等值线

等值线（Contour Line）主要用于显示等值数据的分布情况，其画法为将多维空间中的具有相同值的数据点相互连接后投影到二维平面上，一般为三无（无相交、无分支、无中断）封闭线路，如图 5-10 所示。等值线在地理（如等高线等）、气象学（如等温线、等压线、等降水量线等）、物理（如等磁线、等势线等）等领域具有较为广泛的应用。

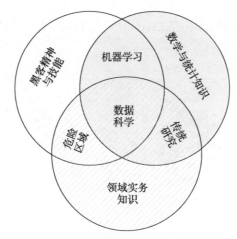

图 5-9　维恩图示例

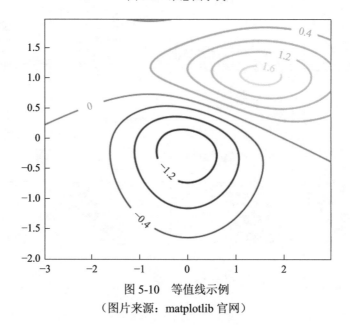

图 5-10　等值线示例

（图片来源：matplotlib 官网）

7. 雷达图

雷达图（Radar Chart）主要应用于财务数据的可视化，采用的基本可视化方法如下：

① 将圆形（或多个同心圆）等分成若干扇形区，分别表示同一类数据的不同维度。

② 在每个扇形区中，从圆心开始，分别以放射线形式画出若干条指标线，并标明指标名次及标度。

③ 将实际发生数据标注在相应指标上。

④ 以线段依次连接相邻点，形成折线闭环，构成雷达图。

图 5-11 给出了培训之前和之后的效果比较的雷达图，可以看出培训效果较为明显，被培训对象的知识水平、经验积累、自信程度、工作效率、工作效果、他人评价都发生了不同程度的提高，对应的两个覆盖面发生了显著的变化。

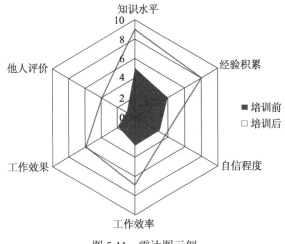

图 5-11　雷达图示例

8. PDP 图

PDP（Partial Dependence Plot，部分依赖）图用于显示某个特征对机器学习模型的预测结果的影响方式，即在其他特征保持不变的前提下，观察该特征如何影响预测结果。

以解释一种用于预测自行车租用数量的机器学习模型为例，图 5-12 中给出了温度、湿度和风速对模型的预测结果的影响。

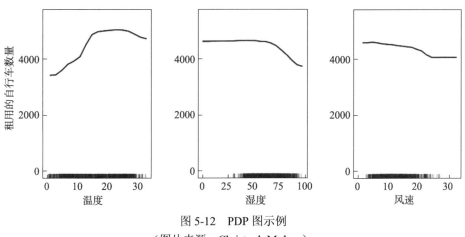

图 5-12　PDP 图示例

（图片来源：Christoph Molnar）

可以看出，在温度、湿度和风速三个因素中，温度对预测结果的影响最为明显，温度越热，租用的自行车数量越大。这种趋势上升到 20℃后达到稳定，然后在 30℃处略有下降。

9. ALE 图

ALE（Accumulated Local Effects Plot，累积局部效应）图用于显示某变量在整个值域上对预测结果的影响——累积局部效应。

与 PDP 图不同，ALE 图对单个局部效应进行累积，能够反映单一特征变量对预测结果的整体影响情况。在如图 5-13 所示的 ALE 图中，以累积局部效应为纵坐标，以温度、湿度和风速为横坐标，绘制了三个 ALE 图，分别用于分析温度、湿度和风速对预测结果的影响。可以看出，平均预测随着温度的升高而上升，但当温度上升至 25℃以上时，温度会对平均预测产生负面影响；湿度高于 60%时，湿度越高，预测值越低；风速对预测结果的影响不大。

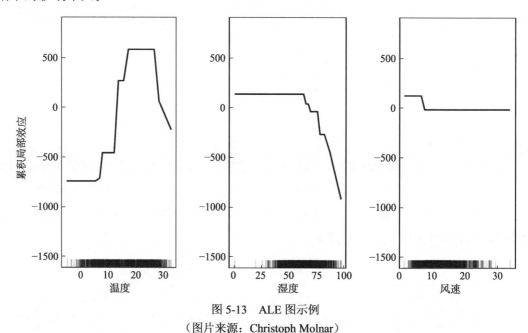

图 5-13　ALE 图示例

（图片来源：Christoph Molnar）

ALE 图与 PDP 图的区别

PDP 图的缺点在于对特征之间的相关关系的健壮性差——当特征高度相关时，PDP 图由于其对边缘分布的特征值进行独立操作的原因，可能会在平均预测计算中包含不太可能的特征值组合。因此，当特征之间存在强相关性关系时，PDP 图解释的可信度会下降。

与 PDP 图不同，ALE 图通过对条件分布中的预测差异进行平均和累积来处理特征相关性，从而隔离特定特征的影响。但是，ALE 的代价是需要更多的观测值及观测值的近似均匀分布，以便可以可靠地确定条件分布。

10．ICE 图

ICE（Individual Conditional Expectation Plot，个体条件期望）图用于显示每个示例的预测结果的变化，其中的每个线条代表的是一个实例，并显示了特征更改时实例的预测如何改变，如图 5-14 所示。

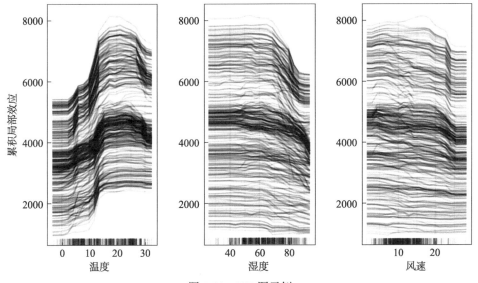

图 5-14   ICE 图示例

（图片来源：Christoph Molnar）

在图 5-14 中，每个线条代表的是一个实例，可以观察到类似 PDP 图的效果。与 PDP 图不同，ICE 图显示了每个实例的曲线图，而 PDP 图显示了所有实例的平均曲线图。

另外，从 5-14 可以看出，几乎所有曲线都遵循相同的路线，没有明显的大量的交叉线条，说明在此数据集中特征之间的相关性并不强烈。PDP 图可以较好地显示特征和预测的自行车出租数量之间的关系。

> ### ICE 图与 PDP 图的联系
>
> PDP 图中只包含一条线，ICE 图中包含多条线。ICE 图中的每条线代表的是一个实例，而 PDP 曲线是 ICE 图的多个实例线条的平均值曲线。

5.2   SHAP

5.2.1   SHAP 的定义

Scott M. Lundberg 与 Su-In Lee 于 2017 年提出了一个解释预测的统一框架——SHAP（SHapley Additive exPlanations），其主要理论依据为博弈论中的 Shapley 值（Shapley Values）。SHAP 可以解释任何机器学习模型的输出，为每个特征分配一个特定预测的重要性值。

> 在博弈论中，Shapley 值的基本思想是按照联盟中成员的边际贡献的比例来分配收益。其中，"边际贡献"是指假设考虑加入联盟的顺序，新加入者对联盟收益的贡献就是边际贡献。

Shapley 值不仅可以反映每个样本中的特征对预测的贡献，还可以表现贡献的正负。

5.2.2 SHAP 的方法

SHAP 是一种博弈论方法，用于解释任何机器学习模型的输出，使用博弈论中的经典 Shapley 值及其相关扩展，将最优信用分配与局部解释联系起来。

Shapley 值的数学表达式如下：

$$\varphi_i(N,v) = \sum_{S \subseteq N/\{i\}} \frac{|S| \times (N - |S| - 1)!}{N!} \times [v(S \cup \{i\} - v(S))] \tag{5-1}$$

其中，N 为训练集中所有特征的集合，S 是从 N 中抽取的子集，$v(S)$ 是该子集 S 的模型输出值，$\varphi_i(N,v)$ 表示 i 的 Shapley 值，$S \subseteq N / \{i\}$ 表示集合 S 去掉元素 i 后的集合。

对于某特征 i，需要针对所有可能的特征组合计算 Shapley 值，然后加权求和。

$v(S \cup \{i\} - v(S))$ 是 Shapley 值可加性的体现。对于任何给定的子集，要比较它的值与当包括玩家 i 时它的值，这样得到了将玩家 i 添加到该子集的边际值。

$|S|! \times (N - |S| - 1)!$ 计算出除玩家 i 以外的所有剩余团队成员的子集的排列个数。

$\frac{1}{N!}$ 表示共 N 个特征，在考虑顺序的情况下，这 N 个特征有 $N!$ 种组合。

$\frac{|S|! \times (N - |S| - 1)!}{N!}$ 是在对应特征子集 S 下，对于上述包含特征 i 和不包含特征 i 情况下，样本取值之差的权重。

从以上原理可以看出，Shapley 值的主要缺点是计算时间呈指数增长，并且对于超过 10 个特征的处理变得非常困难，导致类似 Shapley Sampling Values（Štrumbelj & Kononenko，2010 和 2014）和 Kernel SHAP（Lundberg & Lee，2017a）的近似值。Kernel SHAP 方法具有许多理想的特性，假定了特征独立性，通过较少的计算能力可以获得类似的近似精度。

Lundberg 和 Lee 提出了一种基于 Shapley 值的方法——Tree SHAP，假设"较少"的特征独立性，解释了一些依赖关系，但不是全部，而是专门为 XGBoost 等树集成方法设计的。Aas K 等扩展了 Kernel SHAP 方法来处理依赖特征，提出了一种对与依赖特征相对应的 Shapley 值进行聚类的方法，改进了在存在特征依赖的情况下对个体预测的特征贡献的表示。图 5-15 给出了 Shapley 值的含义——通过 Shapley 值的计算，可以定量化估算每个特征的取值对输出（输出为 0.4）的边际贡献。例如，年龄为 65（Age 为 65）对于输出结果（输出为 0.4）的边际贡献为 +0.4。可见，在有正向边际贡献的三个特征（Age、Sex 和 BMI）中，年龄（Age）的 Shapley 值为最大。

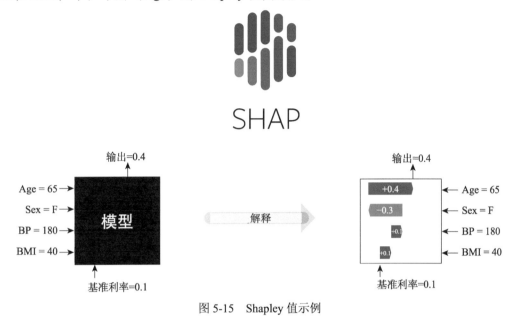

图 5-15　Shapley 值示例
（图片来源：SHAP 官网）

5.2.3　SHAP 的特征

Shapley 值具有有效性（Efficiency）、对称性（Symmetry）、无效性（Dummy Player）、线性（Linearity）等特征。

① 有效性：不同特征的 Shapley 值之和等于预测和全局平均预测之间的差值，确保预测值中未由全局平均值预测解释的部分完全由特征描述和解释。

② 对称性：如果两个特征的 Shapley 值与任何其他特征子集组合，对预测的贡献相等，那么两个特征的 Shapley 值相等。如果不满足这样一个标准，即来自两个不同特征的相同贡献不能给出相同的解释，那么将是不一致的，并且给出不可信的解释。

③ 无效性：一个不改变预测的特征，无论它与其他哪个特征结合，其 Shapley 值为 0。

④ 线性：当预测函数由总和预测函数组成时，特征的 Shapley 值与来自每个单独预测函数的特征的 Shapley 值之和相同。这也适用于预测函数的线性组合。Shapley 值的线性确保可以单独解释和解释这种形式的模型，如随机森林或其他结构简单的集成模型。

5.2.4 SHAP 的应用

SHAP 可用于数据分析模型的解释。例如，图 5-16 解释了 VGG16 ImageNet 模型的第 7 个中间层如何影响输出概率，解释了两个输入图像的预测。红色像素代表增加类别概率的正 SHAP 值，蓝色像素代表降低类别概率的负 SHAP 值。通过使用 ranked_outputs = 2，只解释每个输入的两个最可能的类，而避免了解释所有 1000 个类。

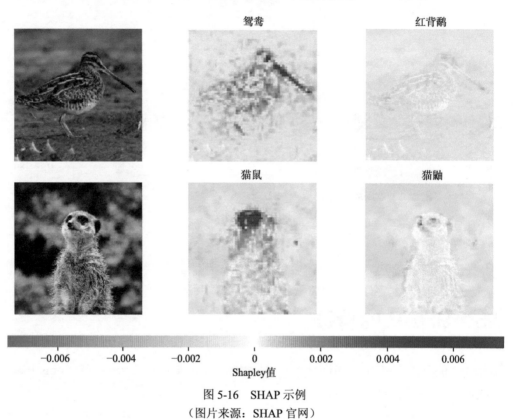

图 5-16　SHAP 示例
（图片来源：SHAP 官网）

5.3　Facet

5.3.1　Facet 的定义

Facets 是 Google 公司为支持 PAIR（People + AI Research）项目发布的一个开源可视化工具，可以帮助用户理解和分析机器学习数据集。

5.3.2 Facet 的方法

Facets 包括 Facet Overview 和 Facet Dive 两个可视化部分，均可深入挖掘数据并带来好的洞察，而不需在用户端进行大量工作。

1. Facet Overview

Facet Overview 提供了整个数据集的直观概览和数据每项特征的分布情况，总结了每项特征的统计量并比较了训练和测试数据集，便于用户快速了解数据集的特征分布情况。

Facet Overview 依据分布距离对特征进行排序，这种排序顺序将两个数据集之间最不同的特性放在表的顶部。图 5-17 展示了包括缺值百分比、最小最大值和均值、中位数、标准差等统计量，有助于发现训练数据和测试数据之间的未知差异。

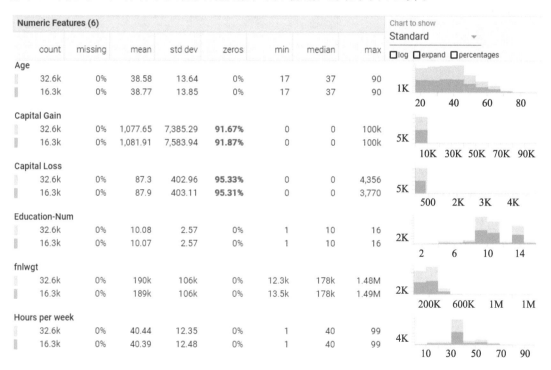

图 5-17　Facet Overview 的可视化效果
（图片来源：Facets 官网）

2. Facet Dive

Facets Dive 提供了一个易于自定义的直观界面，用于探索数据集中不同特性数据点之间的关系，可帮助用户深入理解数据的单个特征，并通过观察单个特征获取更多信息，有助于一次性交互式地探索大量数据点。由图 5-18 来看，用户可以根据每个数据点的特性值来控制数据点的位置、颜色和视觉表征，如果数据点具有与其关联的图像，那么图像可用作视觉表示。

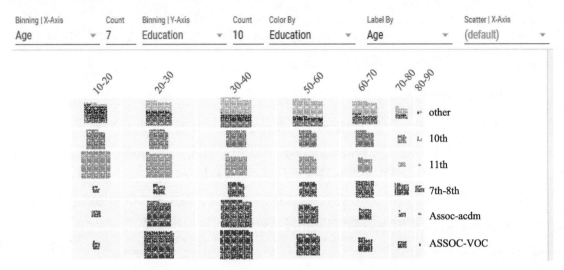

图 5-18　Facet Dive 的可视化效果（以 Hours per Week—Education 为例）

（图片来源：Facets 官网）

5.3.3　Facet 的特征

Facet 的特征包括如下：

① 提供特征分布情况和特征间关系的直观概览。

② 可按照分布距离进行排序。

③ 用户自定义，便于用户理解和分析。

④ 便于得到相关统计量的信息。

5.3.4　Facet 的应用

1. 图片分类检查

在 CIFAR-10 数据集中，由于标签错误使得一只青蛙被标记为猫，利用 Facet Dive 可检查出该数据集的标记错误，如图 5-19 所示。

2. 数据集的可视化处理

例如，结合 Barry Becker 从 1994 美国人口普查中提取的数据集，通过 Facets Dive，根据人口普查数据预测收入是否超过 5 万美元/年，如图 5-20 所示。

图 5-19　Facet Dive 的图片分类呈现

（来源：Denis Rothman，2020）

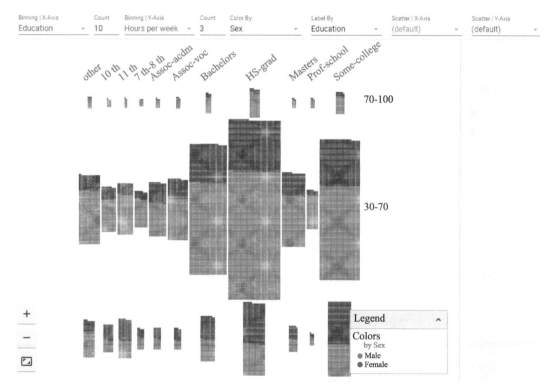

图 5-20　Facet Dive 用于数据集显示（以 Hours per Week—Education 为例）

（图片来源：Facets 官网）

5.4 反事实解释

5.4.1 反事实解释的定义

反事实解释是指不需要解释算法内部运行逻辑，旨在找到改变给定预测所需的最小扰动，即找到预测结果不同的特定实例，通过对比反例特征告知用户哪些方面的特征值影响了最终结果。

反事实（Counterfactual）就是对既定事实重新假设来估计某因素的影响概率，假设输出结果返回分数 p 是因为变量 V 有值 $(v1, v2, \cdots)$，当 V 有值 $(v1, v2, \cdots)$ 而其他所有变量保持不变时，就会返回得分 p。

5.4.2 反事实解释的特征

反事实解释的特征如下：

① 不需将算法黑箱的内部逻辑对外解释，避免较大的技术成本。

② 需要解释的内容最少化，防止关于该算法的商业秘密的泄露和包含模型训练数据集中个人隐私信息的侵犯。

③ 帮助实现 XAI（人工智能可解释性）的法律义务。因为根据相关法规，用户有权拒绝模型的输出，有权获得解释并提出质疑，反事实解释方法有助于保障用户的知情权，为算法决策合法性和合理性提供支持。

5.4.3 反事实解释的方法

主体 S 对命题 P 使用反事实解释需要考虑以下 4 方面：

① 信任，决定 P 是否可信。

② 真相，表明 P 是否为真。

③ 证明，提供 P 为真的理由。

④ 敏感性，提出 P 为假的情况。

具体应用流程如图 5-21 所示。

（1）信任（Belief）

信任可以表述为：如果推断 P 是可信的，那么主体 S 相信 P。

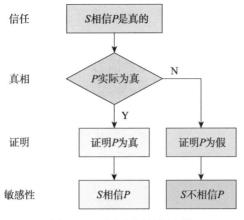

图 5-21　反事实解释的流程

主体 S 不需要任何信息（真相或证明），只凭借信任就可以得出 P 为真的结论，这种信任可能来源于人类经验或者直觉。

（2）真相（Truth）

即使拥有"信任"（S 相信 P 为真），真相有可能是以下两种情况：① S 相信 P，但 P 为假；② S 相信 P，且 P 为真。

应用反事实解释时需要考虑的实践规则：没有信任，S 将不会相信一个明显的真相，但信任不等于真相，真相是关于事物如何的问题，意味着：S 相信 P，P 可以是真相，但是要做出 P 是真相的论断必须要进一步证明。

（3）证明（Justification）

证明是什么：提供支持 P 为真的理由。

可以怎么做：设立咨询热线，让 S 从人工客服处获得 P 为真相的理由；随着人工智能的发展，更好的证明方式是：尽可能多地实现 XAI，减少人力消耗；只在必要时提供人力支持，这样也能保证对用户做出的解释更加清晰。

（4）敏感性（Sensitivity）

敏感性是什么：如果 P 是假的，那么 S 不相信 P。

敏感性是反事实解释的核心。一个人的信任需要有敏感性，在 P 为真的情况下，主体 S 选择相信 P，那么在 P 为假的情况下，就需要有一个根本性的态度转变，不再相信 P。也就是说，敏感性能够为主体划分一个反事实世界，这个反事实世界是{P 为真}这种情况之外的其他情况。因为有了反事实视角，S 才不会只对{P 为真}的情况做出反应，而是从正反两种思路对事物整体有了一个完整的认知，这也正是反事实解释方法的意义。

5.4.4　反事实解释的应用

假设 Alice 想申请一笔住房抵押贷款，但机器学习分类器拒绝了贷款请求。该分类器考虑了 Alice 的特征向量{Income, CreditScore, Education, Age}。Alice 想知道：① 为什么贷款申请被拒绝了？② 她能做些什么改变，以便使贷款获得批准？

传统的可解释性方法对于前一个问题的回答可能是：CreditScore 太低。后一个问题构成了反事实解释的基础：为了达到分类器判断边界的另一边，Alice 的特征向量需要做出什么微小的变化。

图 5-22 说明了代表个体的数据点是如何通过两条路径跨越决策边界进入正类区域（同意贷款），这些数据点最初被分类在负类中（拒绝贷款）。

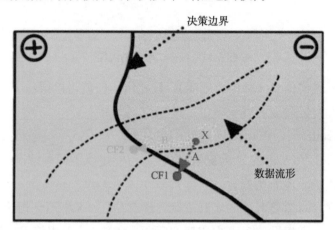

图 5-22　反事实解释的示例（以贷款为例）

（图片来源：Verma S，Dickerson J，Hines K，2010）

由图 5-22 可看出，Alice 贷款被拒绝（用蓝色表示）有两条可能的改变路径：① 增加个人收入 1 万美元（红色表示）；② 获得一个新的硕士学位（绿色表示）。这两种路径对于原始数据点来说是有效的反事实。但是红色路径明显比绿色路径要短，因此红色路径（即增加个人收入 1 万美元）对于 Alice 来说就是较小的反事实扰动。所以，反事实应该量化一个相对较小的变化，从而基于假设得到一个期望的替代结果。

5.5　LIME

5.5.1　LIME 的定义

LIME（Local Interpretable Model-agnostic Explanations，局部模型无关解释）是 2016 年 Marco Tulio Ribeiro 在其论文中提出的局部可解释性模型算法。LIME 是一种模式无关的、局部解释的事后解释技术，可以支持任何分类模型和回归模型的解释。LIME 主要应用在文本处理与图像分类的模型中，是目前应用范围较广的可解释性方法。

LIME 框架本质上是一个可解释的机器学习框架，用于解释黑盒机器学习模型的单个实例预测。LIME 通过调整特征值来修改单个数据样本，并观察结果对输出的影响。当用户对该数据实例做出更改时，LIME 可对模型的预测进行测试。在这个原理下，LIME 产生了一个由排列的样本和它们对应的黑箱模型预测组成的新数据集。在这个新的数据集上，LIME 训练一个可解释的模型（如线性回归模型、决策树模型等）。该模型通过采样实例与需要解释的实例的接近程度来加权，解释过程是通过一个可解释的模型局部地逼近黑盒模型来实现的。

5.5.2　LIME 的特征

LIME 解释器在黑盒模型解释方面具有三个特征。

① 可解释性。LIME 解释器的模型与预测结果都是可理解的，模型最好是像决策树、线性模型之类的简单模型，而对于预测结果需要给出可解释的特征，让普通用户也能通过解释器理解模型。

② 局部保真度。保真度是指解释对实际模型的真实程度，在使用解释前，需要确保它解释了实际的模型。尽管并不要求 LIME 解释器能够在整体方面达到复杂黑盒模型的效果，但需要在局部方面效果一致。

③ 模型无关性。LIME 解释器可以给出任何模型预测结果的局部近似。

5.5.3　LIME 的方法

LIME 解释器在黑盒机器学习模型中的具体解释过程包括：首先对待解释实例 x 附近的训练数据进行采样，创建新的样本数据集（包含扰动点集合），然后计算新样本数据集与特定样本实例 x 之间的距离，接着利用黑盒模型预测新点出现的概率，并从排列的数据中选出 m 个最能描述复杂模型结果的特征，用相似度加权对 m 维数据拟合线性模型，最后用线性模型的权值作为决策解释。LIME 解释器的实现原理如图 5-23 所示。

```
LIME Explainer Object (sample Instance, black box model) {
    For given sample instance do :
        1. Create new dataset around observation by sampling from distribution learnt on trainingdata.
        2. Calculate distance between permutations and original observations.
        3. Usc black box model to predict probability on new points.
        4. Pick m features best describing the complex model outcome from the permuted data.
        5. Fit a linear model on data in m dimensions weighted by similarity.
        6. Weights of linear model are used as explanation of decision.
    return Explanation(sample instance)
}
```

图 5-23　LIME 解释器的实现原理

（图片来源：Marco Tulio Ribeiro，2016）

LIME 算法需要输入想解释的预测样本和已经训练好的复杂模型，算法步骤如下。

① 预测样本附近随机采样：对于连续型特征，LIME 在预测样本点附近用一个标准正态分布 $N(0,1)$ 来产生指定个数（代码中设置的 num_samples）的样本；而对于类别型特征，则根据训练集的分布进行采样，当新生成样本的类别型特征与预测样本相同时，该类别型特征取值为 1，否则取值为 0。

② 对新生成的样本打标签：将新生成的样本放入已经训练好的复杂模型进行训练，得到对应的预测结果。

③ 计算新生成的样本与想要解释的预测点的距离并得到权重：新生成的样本距离想要解释的预测点越近，这些样本越能够更好地解释预测点，因此需要赋予更高的权重。

④ 筛选用来解释的特征，拟合可解释模型，设用来解释的线性模型为

$$g(z') = w_g \times z'$$
$$= w_0 + w_1 z_{(1)} + \cdots + w_p z_{(p)}$$

为了求出线性模型的系数，用一个加权平方损失构造损失函数

$$L(f, h, \Pi_{x^*}) = \sum_{k=1}^{N} \Pi_{x^*}(z_k)^2 \times (f(z_k) - g(z_k'))^2$$

找出使得损失最小的 w_g。

为了更好地理解上述解释器的原理，通常采用图 5-24 来说明 LIME 算法对复杂模型进行局部解释的过程。

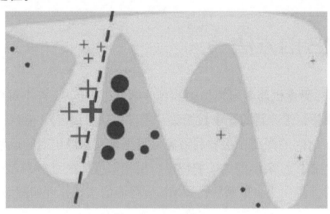

图 5-24　LIME 示例
（图片来源：Marco Tulio Ribeiro，2016）

图 5-24 是一个非线性的复杂模型，蓝粉背景的交界为决策函数；选取关注的样本点，如图中粗线的红色十字叉为关注的样本点 X；定义一个相似度计算方式，以及要选取的 K 个特征来解释；在该样本点周围进行扰动采样（细线的红色十字叉），按照它们到 X 的距离赋予样本权重；用原黑盒模型对这些样本进行预测，并训练一个线性模型（虚线）在 X 的附近对原模型近似。这种方法实现了使用可解释性的模型对复杂模型进行局部解释

的目标。

LIME 除了在文本识别方面具有优异的处理能力，其对于图像识别研究也有相当的贡献。为了解释图像，图像的排列是通过将图像分割成超像素并打开或关闭这些超像素来实现的。超级像素是相互链接的像素与相似的颜色，可以通过替换每个像素与用户指定的一个像素来关闭。用户还可以指定在每个变化样本中关闭超像素的数值可能性，以便他们可以只观察最高的影响因素。

图 5-25 的原始图像是一张"树蛙"图像，而经过 CNN 模型预测结果显示为 54%的概率是"树蛙"、7%的概率是台球和 5%的概率是热气球，那么可以使用 LIME 算法对CNN 是如何做出这样的判断结果进行解释。

通过对原始图像做像素分块处理，先把原始图片转成可解释的特征表示，通过可解释的特征表示对样本进行扰动，得到 N 个扰动后的样本，再将这 N 个样本还原到原始特征空间，并把预测值作为真实值，用可解释的特征表示建立简单的数据表示，观察哪些超像素的系数较大。将这些较大的系数进行可视化可以得到如图 5-25(c)的样子，从而理解模型为什么会做出这种判断：青蛙的眼睛与台球很相似，特别是在绿色的背景下，同理，红色的心脏也与热气球类似。

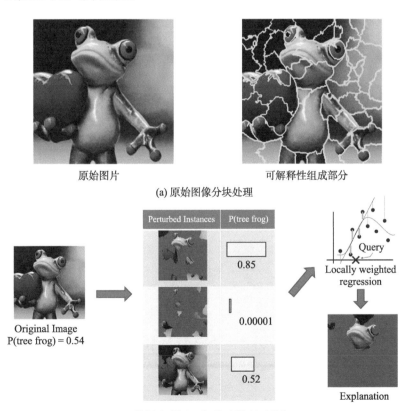

图 5-25　LIME 在树蛙图像分类的应用
（图片来源：Marco Tulio Ribeiro，2016）

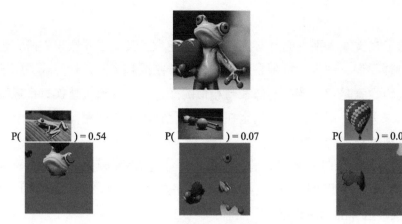

P( ) = 0.54   P( ) = 0.07   P( ) = 0.05

(c) 不同判定结果的比较分析

图 5-25　LIME 在树蛙图像分类的应用（续）

（图片来源：Marco Tulio Ribeiro，2016）

5.5.4　LIME 的应用

对于 LIME 算法在黑盒模型中的可解释性应用如图 5-26 所示。可以看出，多个输入参数 x_1, x_2, x_3 通过神经网络模型后得到输出值 y，其中模型运作原理不为人知。此时通过 LIME 解释器对造成该结果的特征重要性进行排序，依据特征数值大小解释做出此预测结果的原因。

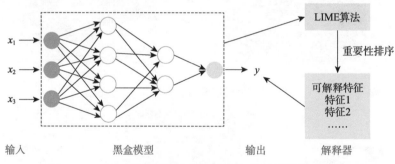

图 5-26　LIME 算法解释黑盒模型示意（以神经网络为例）

5.6　Anchors

5.6.1　Anchors 的定义

Anchors（锚点）是由 Marco Ribeiro 于 2018 年在其论文 *Anchors : High-Precision*

Model-Agnostic Explanations 中提出的。Anchors 是基于 if-then 规则(if 满足某些条件,then 模型一定给出特定类别/结果)的模型无关解释,可表示用于局部预测的"充分"条件。

5.6.2　Anchors 的方法

Anchors 实现的基本原理是:在特征集中找到最小的子集作为一个规则(做出预测结果的充分条件),对于任意实例只要出现该特征子集,那么预测结果总是相同的,并且不取决于其他特征,就把这个特征子集看作黑盒模型的"锚点"。

5.6.3　Anchors 的特征

Anchors 在模型无关解释方面通用性更广,并且在计算方面不像 SHAP 那么费力,不仅能够解释非线性决策边界,还能够提供一组易于解释的规则,便于明晰解释技术适用的范围。同时,Anchors 有助于向数据分析师指出哪些特征正在影响模型输出。

与现有的模型无关解释技术相比,Anchors 使用户能够以更少的计算成本和更高的精度对复杂模型的行为进行解释。

① LIME 是使用简单的可解释性模型(通常为线性模型)局部拟合复杂黑盒模型,但其缺点是很难解释具有非线性决策边界的模型,并且无法确定可解释的区域范围。

② SHAP 通过求出每个特征对于预测结果的贡献值进行解释,但存在错误解释 SHAP 值的问题。

③ Anchors 作为一种高精度的解释器克服了上述缺点,有助于高精度地解释目标观测值以及一组周围观测值。

5.6.4　Anchors 的应用

Anchors 在不同领域的数据集(文本、图片等)及不同的模型(情感分类、表格分类、文本生成等)中展现了良好的应用性和灵活性。下面从文本分类、结构化预测、表格分类、图像分类 4 方面对 Anchors 应用进行描述。

1. 文本分类

图 5-27 显示了 LSTM 模型对评论文本的情绪预测,使用 LIME 算法对 5-27(a)中的两句话进行分析,可以看到左边句子的"not"对于判断结果"Positive"起到正向效应,而右边句子的"not"起到负向效应,这使得用户并不清楚 not 什么情况下会判断情绪为

This movie is not bad.   This movie is not very good.

(a) 示例

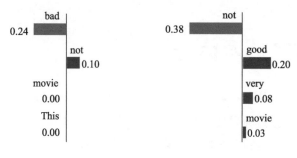

(b) LIME解释

{"not","bad"}→ Positive   {"not","good"}→ Negative

(c) Anchor解释

图 5-27 情绪预测 LSTM

（来源：Ribeiro M T，Singh S，Guestrin C，2018）

"Positive"。而 Anchors 给出了解释模型在局部预测的充分条件，"not bad" 保证了对积极情绪的判断；同理，"not good" 表示消极情绪。

2. 结构化预测

Anchors 特别适用于结构化预测模型：当全局行为过于复杂而无法被简单的可解释模型捕获时，局部行为通常可以用简短的规则表示。表 5-1 解释了不同上下文中的单词 "play" 在最先进的词性标记器下的预测结果，其中对于邻近单词的标记作为可解释表示的一部分。Anchors 结果表明，这个模型正在学习英语语言的合理模式。

表 5-1 单词 "play" 的词性标签的锚定（来源：Ribeiro M T，Singh S，Guestrin C，2018）

例 子	If	解 释
I want to play(V) ball.	前面的词为虚词（PARTICLE）	play 是动词（VERB）
I went to a play(N) yesterday.	前面的词为限定词（DETERMINER）	play 是名词（NOUN）
I play(V) ball on Mondays.	前面的词为代词（PRONOUN）	play 是动词（VERB）

3. 表格分类

表 5-2 展示了对于三个数据集的几个预测锚。婚姻状况出现在不同的 Anchors，以预测一个人是否每年能挣 5 万美元（adult 数据集）。预测刑释人员再犯率的 Anchors（rcdv 数据集）表明，如果将该模型用于保释决定，则是不公平的，因为种族和性别在保释决定中占显著地位。为了预测贷款是否会变成不良贷款（lending 数据集），FICO 评分和贷款金额作为 Anchors 的考虑条件。

表 5-2 为表格数据集生成的锚（来源：Ribeiro M T，Singh S，Guestrin C，2018）

	If	解　释
adult	No capital gain or loss, never married	≤50K
	Country is US, married, work hours > 45	>50K
rcdv	No priors, no prison viloations and crime not against property	not rearrested
	Male, black, 1 to 5 priors, not married, and crime not against property	re-arrested
lending	FICO score ≤ 649	bad loan
	649 ≤ FICO score ≤ 699 and $5400 ≤ loan amount ≤ $10000	good loan

4. 图像分类

将图像分割成超像素，使用这些超像素的存在或不存在作为可解释的表示。为视觉回答（VQA）任务提供了锚，进而确定问题的哪一部分导致了预测的答案，如图 5-28 所示。

(a) Original image　　　(b) Anchor for "beagle"　　　(c) Images where Inception predicts P(beagle) > 90%

What animal is featured in this picture?	dog
What floor is featured in this picture?	dog
What toenail is paired in this flowchart?	dog
What animal is shown on this depiction?	dog

Where is the **dog**?	on the floor
What color is the **wall**?	white
When was this picture taken?	during the day
Why is he lifting his paw?	to play

(d) **VQA**: Anchor (bold) and samples from D(z|A)　　　(e) **VQA**: More example anchors (in bold)

图 5-28　图像分类与视觉问答（VQA）的锚点解释

（来源：Ribeiro M T，Singh S，Guestrin C，2018）

5.7　对比解释法

5.7.1　对比解释法的定义

对比解释法（Contrastive Explanations Method，CEM）是一种模型无关的局部的事后解释技术，由 IBM 研究院的 Amit Dhurandhar 等于 2018 年提出。该算法借鉴了医学保健和犯罪学领域常用的举证方法，其基本思想为：

$$\{$$

$$输入样本 x 被归入类型 y，因为特征 [f_i,\cdots,f_k] 存在，且特征 [f_m,\cdots,f_p] 不存在$$

$$\}$$

其中，特征 $[f_i,\cdots,f_k]$ 和特征 $[f_m,\cdots,f_p]$ 分别称为相关正特征（Pertinent Positive，PP）和相关负特征（Pertinent Negative，PN）。也就是说，给定一个输入样本 x，对比解释法的关键在于需要找到能够证明分类结果的合理性的最小且充分的相关正特征集（Pertinent Positive，PP）和相关负特征集（Pertinent Negative，PN）。

> 例如，在医学上，患者出现咳嗽、感冒和发烧症状，但没有痰或寒战，很可能被诊断为流感而不是肺炎。咳嗽、感冒和发烧的存在可能意味着流感或肺炎。同时，痰和寒战的不存在可以得出流感的诊断。可见，对于流感而言，咳嗽、感冒和发烧症状是相关正特征集（PP），而痰和寒战是相关负特征集（PN）。在此，流感的诊断不仅需要相关正特征集（PP）还需要相关负特征集（PN）。

相关正特征（PP）：决定结论是否成立的一个影响因素，其存在（或出现/检测到）是证明分类结果的合理性的充分条件。

相关负特征（PN）：也是决定结论是否成立的另一个影响因素，其不存在（或缺席/未检测到）是防止分类结果发生变化的必要条件。

5.7.2　对比解释法的特征

对比解释法的主要特征如下：

① 对比解释法的解释能力较强，非常符合人类思维模式，相关思路和逻辑常用于医疗保健和犯罪学。

② 对比解释法是一种模型无关的、局部的、事后解释技术。

③ 对比解释法需要找到的输入信息中应该存在（或出现）的最小特征集（如检测对象/非背景），这些特征本身足以产生相同的分类（即 PP）。

④ 对比解释法还需要找到输入中应该不存在（或缺席）的最小特征集（即背景），以防止分类结果发生变化（即 PN）。

⑤ 为找到 PP 和 PN，对比解释法引入了卷积自动编码器(Convolutional AutoEncoder，CAE)，以获得更现实的解释。

5.7.3 对比解释法的方法

对比解释法的本质是优化问题。令 X 表示可行数据空间，(x_0, t_0) 为可行数据空间 X 中的一个自然样本 x_0（$x_0 \in X$）及其分类标签 t_0。基于样本 x_0，可构造出其变体样本 x（$x \in X$）。x 的计算可以表示为：

$$x = x_0 + \delta \tag{5-2}$$

其中，δ 是对样本 x_0 的扰动。

因此，CEM 的关键在于扰动变量 δ 的优化，进而找到最优的 PN 和 PP。同时，为了使 x 接近自然样本 x_0 的数据流形，对比解释法引入了自动编码器（AutoEncoder）来评估 x 到 x_0 的数据流形的接近度。可见，对比解释法的主要参数如下。

- x_0：需要解释的样本。
- δ：对 x_0 的扰动。
- x：对 x_0 进行扰动后得到的变体，即 $x = x_0 + \delta$。
- $\mathrm{Pred}(x)$：预测结果。
- $\mathrm{AE}(x)$：x 与 x_0 的数据流形的接近度。

（1）相关负特征集（PN）的发现方法

对于相关负面分析，人们感兴趣的是模型预测中缺失了什么。对于任意例子 x_0，用 χ / x_0 表示关于 x_0 的缺失部分的空间。我们的目标是找到一个可解释的扰动 $\delta \in \chi / x_0$ 来研究 $\mathrm{argmax}_i [\mathrm{Pred}(x_0)]_i$ 和 $\mathrm{argmax}_i [\mathrm{Pred}(x_0 + \delta)]_i$ 之间可能性最大的分类预测差异。

给定 (x_0, t_0)，通过求解以下优化问题可以找到相关负特征：

$$\min_{\delta \in \chi / x_0} c \cdot f_\kappa^{\mathrm{neg}}(x_0, \delta) + \beta \| \delta \|_1 + \| \delta \|_2^2 + \gamma \| x_0 + \delta - \mathrm{AE}(x_0 + \delta) \|_2^2 \tag{5-3}$$

其中每项的作用如下所述。

$f_\kappa^{\mathrm{neg}}(x_0, \delta)$ 是设计的损失函数，激励改进的例子 $x = x_0 + \delta$ 被预测为与 $t_0 = \mathrm{argmax}_i [\mathrm{Pred}(x_0)]_i$ 不同的类。损失函数定义为：

$$f_\kappa^{\mathrm{neg}}(x_0, \delta) = \max \{ [\mathrm{Pred}(x_0 + \delta)]_{t_0} - \max_{i \neq t_0} [\mathrm{Pred}(x_0 + \delta)]_i, -\kappa \} \tag{5-4}$$

其中，$[\mathrm{Pred}(x_0 + \delta)]_i$ 表示 $x_0 + \delta$ 的第 i 类预测分数。合页损失函数有利于改进的例子 x 具有与原例 x_0 不同的 top-1 预测类；参数 $\kappa \geq 0$ 是一个置信度参数，控制着 $[\mathrm{Pred}(x_0 + \delta)]_{t_0}$ 与 $\max_{i \neq t_0} [\mathrm{Pred}(x_0 + \delta)]_i$ 之间的间隔。

在式(5-3)中，$\beta \| \delta \|_1$ 和 $\| \delta \|_2^2$ 联合称为弹性网络正则化器，用于高维学习问题的高效特征选择；$\| x_0 + \delta - \mathrm{AE}(x_0 + \delta) \|_2^2$ 是由自动编码器评估 x 的 L_2 重构误差。如果能获得该领域训练有素的自动编码器，这一点是相关的；参数 $c, \beta, \gamma \geq 0$ 为相关正则化系数。

（2）相关正特征集（PP）的发现方法

对于相关正面分析，我们感兴趣的是输入中容易出现的关键特征。给出例子 x_0，可以通过 $\chi \cap x_0$ 表示其现有组件的空间。这里，我们的目标是找到一个可解释的扰动 $\delta \in \chi \cap x_0$，从 x_0 中移除它后，使其 $\text{argmax}_i[\text{Pred}(x_0)]_i = \text{argmax}_i[\text{Pred}(x_0+\delta)]_i$。也就是说，$x_0$ 与 δ 有相同的 top-1 预测类 t_0，表明移去的扰动 δ 是模型对 x_0 预测的代表，与寻找相关负特征类似。我们将寻找相关正特征表述为以下优化问题：

$$\min_{\delta \in \chi \cap x_0} c \cdot f_\kappa^{\text{pos}}(x_0,\delta) + \beta \| \delta \|_1 + \| \delta \|_2^2 + \gamma \| \delta - \text{AE}(\delta) \|_2^2 \tag{5-5}$$

算法 1，对比解释法。

输入：例子 (x_0, t_0)，神经网络模型 N 和自动编码器 AE（可选的 $\gamma > 0$）。

（1）求解式（5-3），得到

$$\delta^{\text{neg}} \leftarrow \text{argmin}_{\delta \in \chi / x_0} c \cdot f_\kappa^{\text{neg}}(x_0,\delta) + \beta \| \delta \|_1 + \| \delta \|_2^2 + \gamma \| x_0 + \delta - \text{AE}(x_0 + \delta) \|_2^2$$

（2）求解式（5-5），得到

$$\delta^{\text{pos}} \leftarrow \text{argmin}_{\delta \in \chi \cap x_0} c \cdot f_\kappa^{\text{pos}}(x_0,\delta) + \beta \| \delta \|_1 + \| \delta \|_2^2 + \gamma \| \delta - \text{AE}(\delta) \|_2^2$$

返回 δ^{neg} 和 δ^{pos}。

解释：输入 x_0 被分类为"类 t_0"，因为特征 δ^{pos} 是存在的，而 δ^{neg} 是不存在的。

其中，损失函数 $f_\kappa^{\text{pos}}(x_0,\delta)$ 定义为：

$$f_\kappa^{\text{pos}}(x_0,\delta) = \max \{ \max_{i \neq t_0}[\text{Pred}(\delta)]_i - [\text{Pred}(\delta)]_{t_0}, -\kappa \} \tag{5-6}$$

也就是说，对于任意给定的置信度 $\kappa \geqslant 0$，当 $[\text{Pred}(\delta)]_{t_0}$ 比 $\max_{i \neq t_0}[\text{Pred}(\delta)]_i$ 至少大 κ 值时，损失函数 $f_\kappa^{\text{pos}}(x_0,\delta)$ 达到最小。

5.7.4 对比解释法的应用

对比解释法不仅为数据故事化，尤其是对预测结果的解释提供了理论依据，还为数据故事化提供了一种自动化解决方案。图 5-29 以 MNIST 手写数字数据集为例，给出了对比解释法的解释原理及与 LIME 和 LRP 算法的对比。其中，对于对比解释法，PP/PN 分别以青色/粉红色突出显示；对于 LRP（Layer-wise Relevance Propagation），绿色为中性，红色/黄色为正相关，蓝色为负相关；对于 LIME，红色是正相关，白色是中性。

在图 5-29 中，第一行中被预测为 3 的图像的解释不仅突出显示应该存在的重要像素（PP），以便将其分类为 3，还突出显示顶部的一条小水平线（PN），其存在会导致图像的分类发生变化，如变为 5。

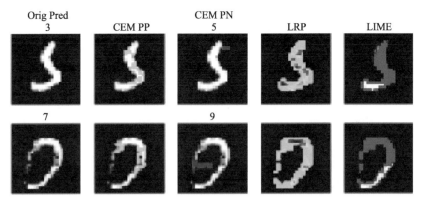

图 5-29　对比解释法的应用及与 LIME、LRP 的对比

（图片来源：Dhurandhar A、Chen P Y、Luss R 等，2018）

5.8　A/B 测试

在数据故事化中，A/B 测试的应用对于有效避免数据加工和准备偏见及算法/模型选择偏见具有重要借鉴意义。

5.8.1　A/B 测试的定义

A/B 测试起源于 Web 测试，是为 Web 或 App 界面或流程制作两个（A/B）或多个（A/B/n）版本（变体），在同一时间维度，分别让属性或组成成分相同（相似）的两个或多个访客群组（目标人群）访问，收集各群组的用户体验数据和业务数据，最后分析、评估出最好版本（变体），将其正式采用。

从理论依据上，A/B 测试是随机对照试验（Randomized Controlled Trial，RCT）的一种简单应用。随机对照试验是一种对医疗卫生服务中的某种疗法或药物的效果进行检测的手段，其基本思想为：将研究对象随机分组，对不同组实施不同的干预，以对照效果的不同。具有能够最大限度地避免临床试验设计、实施中可能出现的各种偏倚，平衡混杂因素，提高统计学检验的有效性等诸多优点，被公认为是评价干预措施的"金标准"。

5.8.2　A/B 测试的方法

A/B 测试的应用步骤包括明确 A/B 测试的目的、收集和分析数据、提出假设、确定测量方法、创建变体、执行 A/B 测试和分析结果，如图 5-30 所示。

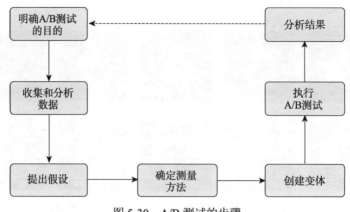

图 5-30　A/B 测试的步骤

① 明确 A/B 测试的目的：A/B 测试的前提是确定其测试目的。在数据故事化中，A/B 测试可以用于故事评价及故事模型选择和数据分析等活动。

② 收集和分析数据：确定 A/B 测试目标后，需要收集相关数据，并对其进行分析，达到数据理解的目的，以便将测试目的转换为数据分析目的。

③ 提出假设：A/B 测试的关键在于提出假设。A/B 测试主要围绕研究假设进行设计和执行。数据故事化中的 A/B 测试的研究假设的基本形式为：

{通过在研究对象 A 的属性 α 上取不同的值，获得其一个或多个变体 $B/C/D$，进而达到降低或减少测量指标 X 的目的}

④ 确定测量方法：找到合适的测量方法并记录测量指标 X。

⑤ 创建变体（Variant）：在 A/B 测试中，变体是指研究对象的变体。通常，变体与研究对象基本相似，二者的差别仅仅体现在某一个属性（如性别、姓名、年龄等）的取值方面。A/B 测试通过对研究对象的某一个属性取不同值的方式得到变体。

⑥ 执行 A/B 测试：结合 A/B 测试的目的、假设和变体，设计 A/B 测试并执行。

⑦ 分析结果：对 A/B 测试的结果进行分析，识别最优方案或优化 A/B 测试的设计，重新进行 A/B 测试。

> 常用于 A/B 测试的软件工具有 Adobe Target、Google optimize、HubSpot 和 Optimizely 等。

5.8.3　A/B 测试的特征

1. 分组对比试验

A/B 测试是一种对比试验，准确地说是一种分离式组间试验。在试验过程中，研究者从总体中随机抽取一些样本进行数据统计，进而得出对总体参数的多个评估。

2. 假设检验

从统计学视角，A/B 测试是假设检验（显著性检验）的一种应用形式。在进行 A/B 测试时，首先需将问题形成一个假设，然后制定随机化策略、样本量和测量方法。

5.9 混淆矩阵

5.9.1 混淆矩阵的定义

混淆矩阵（Confusion Matrix）是常用于评估有监督学习算法性能的一种工具，是计算精度和召回率等指标、制作 ROC（Receiver Operating Characteristic，接受者操作特征）曲线的基础，如图 5-31 所示。其中，用"正例"（Positive）和"负例"（Negative）表示样本的"类别"；用"真"（True）和"假"（False）表示"模型预测是否为正确"。

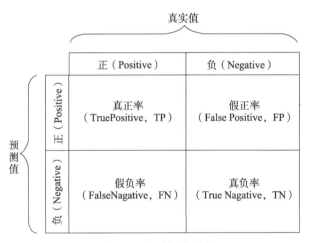

图 5-31　混淆矩阵示意

① TP（True Positive）：模型"正确地"（真/True）预测了样本的类别，样本的预测类别为"正例"。

② FN（False Negative）：模型"错误地"（假/False）预测了样本的类别，样本的预测类别为"负例"，即模型犯了类似统计学的第一类错误（Type I Error）。

③ FP（False Positive）：模型"错误地"（假/False）预测了样本的类别，样本的预测类别为"正例"，即模型犯了类似于统计学上的第二类错误（Type II Error）。

④ TN（True Negative）：模型"正确地"（真/True）预测了样本的类别，样本的预测类别为"负例"。

5.9.2　混淆矩阵的特征

混淆矩阵的特征如下：

① 混淆矩阵主要应用于有监督学习效果的评价，是有监督学习的评价指标的计算依据和基础表。

② 混淆矩阵的行和列分别代表的是预测值和真实值（或观察值）。

③ 混淆矩阵不仅可以用于二分类问题，还可以应用于多分类问题。

5.9.3　混淆矩阵的方法

混淆矩阵的方法如下。

① 模型的精度（Precision）：在所有判别为正例的结果中，模型正确预测的样例所占的比例，即：Precision = TP/(TP+FP)。

② 模型的召回率（Recall）：在所有正例中，模型正确预测的样本所占的比例，即：Recall = TP/(TP+FN)。

③ 模型的准确度（Accuracy）：正确分类的样本（TP+TN）与样本总数（TP+TN+ FP+ FN）的比率，即：Accuracy = (TP+TN)/(TP+TN+FP+FN)。

④ 模型的 F1 值（F1 score）：又称为 F1 度量，表明准确率与召回率之间的平衡，即：F1 score = (2*Precision*Recall)/(Precision+Recall))= 2TP/(2TP+FP+FN)。

⑤ 假正率（FP rate，False positive rate），即：FP_rate = FP/(FP+TN)。

⑥ 真正率（TP rate, True positive rate），即：TP_rate = TP/(TP+FP)。

除了模型的精度和召回率，基于混淆矩阵可以定义的模型评估指标有很多，包括错误率（Misclassification/Error Rate）、特异性（Specificity）、流行程度（Prevalence）等。

5.9.4　混淆矩阵的应用

ROC 曲线是以"假正率"（FP_rate）和"真正率"（TP_rate）分别作为横坐标和纵坐标的曲线。通常，将 ROC 曲线与"假正率"（FP_rate）轴围成的面积称为 AUC（Area Under Curve，曲线之下的区域）面积。AUC 面积越大，说明模型的性能越好，如图 5-32 所示。在图 5-32 中，L_2 曲线对应的性能优于曲线 L_1 对应的性能，即曲线越靠近 A 点（左上方）性能越好，曲线越靠近 B 点（右下方）性能越差。

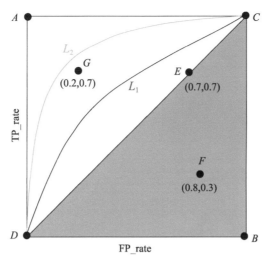

图 5-32　ROC 曲线与 AUC 面积

假设检验中的两类错误

在数据故事化中，需要注意 I 类错误（弃真错误）和 II 类错误（取伪错误）的区别。

I 类错误：又称为弃真错误或 α 错误。当零假设 H_0 为真（True）时，分析结果却拒绝了这个零假设，如图 5-33 所示。

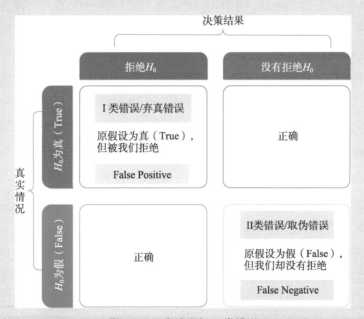

图 5-33　I 类错误与 II 类错误

II 类错误：又称为取伪错误或 β 错误。当零假设 H_0 为假（False）时，分析结果却没有拒绝这个零假设，如图 5-34 所示。

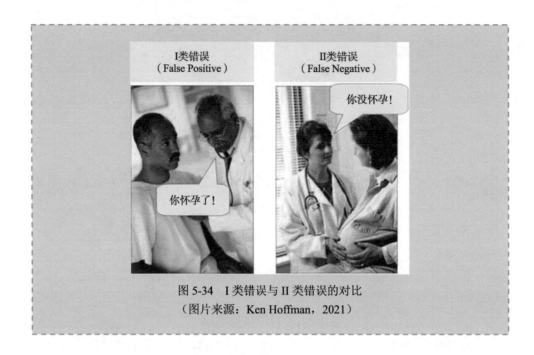

图 5-34　I 类错误与 II 类错误的对比
（图片来源：Ken Hoffman，2021）

除了上述方法和技术，数据故事化还可以应用 What-if Tool 和 AI Fairness 等分析工具，用于识别数据分析和故事化中的偏见与公平性。

① What-if Tool 是由 Google 的 PAIR 团队发布的一种开源的、与模型无关的交互式可视化工具，用于模型理解，提供易于使用的接口，提升对黑盒分类或回归机器学习模型的理解。使用该接口可对示例执行推理，并可视化结果。此外，可以手动或以编程方式编辑示例，并重新运行模型，以查看更改后的结果。它有研究模型性能和数据集子集公平性的功能，提供简单直观的方法，通过可视化界面在数据上使用机器学习模型，而不需要编程操作。运行该工具只需要经过训练的模型和样本数据集。

② AI Fairness 360 Open Source Toolkit 是由 IBM 研究院开发的可扩展开源工具包，帮助开发者在机器学习应用程序生命周期中，检查、报告和减轻机器学习模型的歧视和偏见。其包含多种偏差检测机制和偏见缓解算法，旨在实现将算法研究从实验室推广到金融、人力资源管理、医疗保健和教育等领域实践中。

③ IBM Watson OpenScale 跟踪和度量机器学习模型的输出结果，允许企业不考虑模型的构建和运行方式，确保机器学习模型公平、可解释且合规。另外，Watson OpenScale 能够向企业展示机器学习是如何构建、使用和执行的，企业可以自由地选择运行环境，将机器学习算法嵌入到新的或现有的商业应用和功能中。

④ Microsoft Research Fairlearn 工具包允许人工智能系统开发人员评估其系统的公平性，并缓解观察到的不公平问题。Fairlearn 可以比较多个模型，如由不同学习算法和不同缓解方法生成的模型。

小　结

数据故事的自动化生成和工程化研发是数据故事的研究重点，也是本书的一大特色。然而，数据故事的自动化生成和工程化研发需要特定方法、关键技术和核心算法的支持。

首先，讲解了可视故事化、SHAP 方法、Facet 技术、反事实解释方法、LIME 算法、Anchors 算法、对比解释法、A/B 测试、混淆矩阵等在数据故事化中的重要地位。

其次，从数据故事化视角讲解了上述方法和技术的主要内涵和基本原理。

接着，从数据故事化视角分析了上述方法和技术的主要特征。

最后，给出了上述方法和技术的典型应用以及在数据故事中的未来应用。

对于初学者而言，本章略显有"难度"。为此，本章坚持用"最简单的逻辑和最朴素的语言"讲解上述知识点，建议读者在认真学习本章知识的基础上，亲自调研相关文献及研发项目，尤其是继续阅读参考文献，切实提升自己的数据故事的认知层次及动手操作能力。

思　考　题

1．分析数据可视化与数据故事化的区别和联系。
2．简述可视故事化的基本理论。
3．简述 SHAP 的原理及其在数据故事化中的应用。
4．简述 Facet 的原理及其在数据故事化中的应用。
5．简述反事实解释的原理及其在数据故事化中的应用。
6．简述 LIME 算法的原理及其在数据故事化中的应用。
7．简述 Anchors 的原理及其在数据故事化中的应用。
8．简述对比解释法的原理及其在数据故事化中的应用。
9．简述 A/B 测试的原理及其在数据故事化中的应用。
10．简述混淆矩阵的原理及其在数据故事化中的应用。

第三篇

实 战 篇

第 6 章

Tableau 的数据故事化功能

DS

与可视化类似，数据故事化即将成为数据分析、数据科学、商务智能类软件工具的基本功能之一。

——朝乐门

目前，Tableau、PowerBI 等工具已经提供了一定的数据故事化功能。为此，本章主要讲解 Tableau 的数据故事化功能，为第 7 章的数据故事化典型案例研发提供操作基础。包括：Tableau 的简介、安装和应用方法，Tableau 中的核心术语及新术语，Tableau 的关键技术，Tableau 的操作方法，Tableau 的故事化功能。

6.1 Tableau 概述

Tableau 产品家族可以分为两大类：编辑器和阅读器，二者的区别在于后者只能浏览 Tableau 生成的可视化或故事化产品，但不能进行编辑操作。

① Tableau 编辑器，包括：Tableau Desktop、Tableau Server、Tableau Online、Tableau Public 和 Tableau Prep Builder；

② Tableau 阅读器，包括：Tableau Reader 和 Tableau Mobile。

表 6-1 给出了 Tableau 产品及其区别。其中，Tableau Prep Builder 和 Tableau Public 是两个较为特殊的产品：前者主要用于数据预处理，后者为免费的 Tableau 平台。Tableau Public 既有云端版本，也有本地版本，可以在本地编辑后发布到云端。

表 6-1　Tableau 的产品

	编辑器	阅读器
服务器	Tableau Server Tableau Online Tableau Public	
客户端	Tableau Desktop Tableau Public Tableau Prep Builder	Tableau Reader Tableau Mobile

1. Tableau Prep Builder

Tableau Prep Builder 是 Tableau 产品套件中的一种工具，主要用于数据准备工作，以便在 Tableau 其他工具中进行分析、可视化和故事化，其运行界面如图 6-1 所示。Tableau Prep Builder 提供的数据准备功能有合并、调整和清理数据。

2. Tableau Desktop

Tableau Desktop 为用户提供了创建交互式工作表、仪表板和故事的功能，如图 6-2 所示。通过 Tableau Desktop，用户可以将数据可视化和数据故事化产品发布在 Tableau Server 上。Tableau 为学生和教师提供为期一年的免费试用服务，学生用户或教师用户可以通过 Tableau 官网申请免费使用一年，如图 6-3 所示。

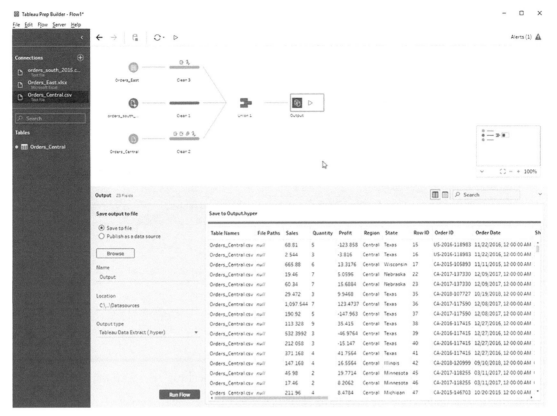

图 6-1　Tableau Prep Builder 界面

（图片来源：Tableau 官网）

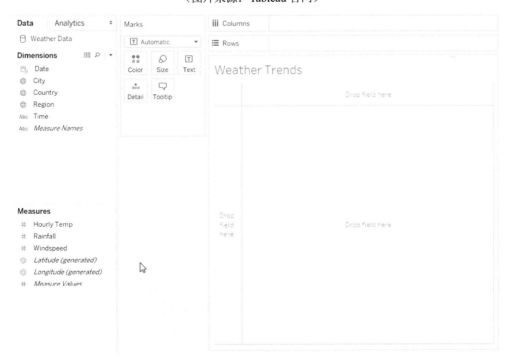

图 6-2　Tableau Desktop 界面

（图片来源：Tableau 官网）

图 6-3　Tableau 的学生账户申请页面
（图片来源：Tableau 官网）

3．Tableau Server

Tableau Server 允许用户发布、共享和管理 Tableau Desktop 中生成的内容，其界面如图 6-4 所示。Tableau Server 设有管理员身份，管理和控制 Tableau Server 中发布的 Tableau Desktop 内容，以帮助保护敏感数据。Tableau Server 管理员可以设置对项目、工作簿、视图和数据来源的用户权限。

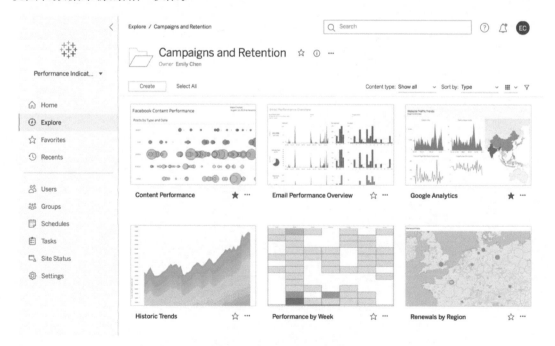

图 6-4　Tableau Server 界面
（图片来源：Tableau 官网）

Tableau Server 是 Tableau 的企业级服务器，既可以部署在本地，也可以部署在云环境。常见的云环境有 Tableau Online、Amazon Web 服务、Google 云平台、Microsoft Azure 和阿里云。

4．Tableau Online

Tableau Online 是 Tableau 托管的云端环境，属于 Tableau Server 的一种部署方式，用于制作、共享、分发和协作处理在 Tableau 中创建的内容，如图 6-5 所示。

图 6-5　Tableau Online 界面
（图片来源：Tableau 官网）

用户可以通过 Web 浏览器、Tableau Desktop 和 Tableau Mobile 应用等多种客户端登录 Tableau Online。

5．Tableau Public

Tableau Public 是 Tableau 的免费版本，用户可以在其中在线探索、创建和公开分享数据可视化，如图 6-6 所示。

Tableau Public 提供了大量的数据可视化库、学习资源及作品案例，可供用户参考与学习。

6．Tableau Reader

Tableau Reader 是 Tableau 文件的阅读器，可以打开 Tableau 工作簿并与之交互。其界面如图 6-7 所示。由于 Tableau 工作簿可将数据来源的副本打包进去，用户不需具有源数据的访问权限也可通过 Tableau Reader 查看视图并与之交互。Tableau Reader 的主要功能包括：打开 Tableau 工作簿并与之交互，以幻灯片形式呈现视图，导出视图或数据，打印视图，将视图发布为 PDF 文件。

图 6-6　Tableau Public 界面
（图片来源：Tableau 官网）

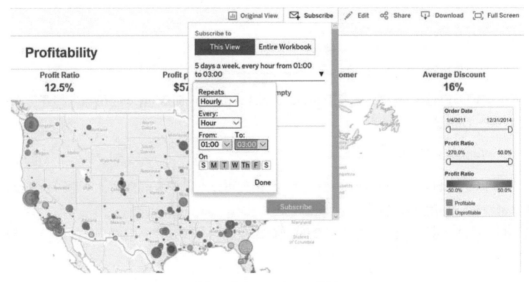

图 6-7　Tableau Reader 界面
（图片来源：Tableau 官网）

7．Tableau Mobile

Tableau Mobile 是 Tableau Online 和 Tableau Server 的配套应用软件，如图 6-8 所示，用于通过移动终端访问 Tableau 站点。Tableau Mobile 适用于 Android 和 iOS 设备，用户可以通过终端与服务器的内容进行交互，并发现数据见解。

Tableau Mobile 并非为制作工具，其只能应用于与 Tableau 服务器端交互。需要注意的是，使用 Tableau Mobile 的前提是所访问的内容已发布到 Tableau Online 或 Tableau Server。

图 6-8　Tableau Mobile 界面
（图片来源：Tableau 官网）

6.2　Tableau 的安装

本章采用的是 Tableau Public，其使用可分为下载、安装和配置三个基本步骤。

① 打开 Tableau 官网，在【产品】栏目中找到 Tableau Public，下载 EXE 文件，如图 6-9 所示。

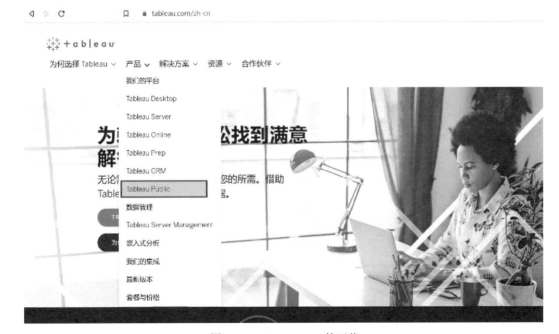

图 6-9　Tableau Public 的下载

② 双击运行已下载的 EXE 文件，完成 Tableau Public 的安装操作。

③ 完成安装操作后，可以在 Tableau 的【帮助】菜单中，将【选择语言】改为【简体中文】。如图 6-10 所示。

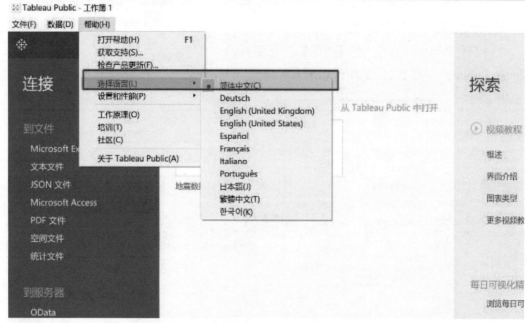

图 6-10　Tableau Public 的安装与配置

6.3　Tableau 的界面

Tableau Public 是一个免费平台，用户可以在线探索、创建和公开共享数据可视化。

已发布到 Tableau Public 的可视化作品可以嵌入网页和博客，通过社交媒体或电子邮件共享，也可供其他用户下载和探索。在 Tableau Public 的工作区界面中，用户可以通过拖曳方式创建可视化产品，不需掌握任何编程技能。

Tableau Public 的主要界面可以分为 6 个区域，分别为：菜单及工具栏区域、侧栏及窗格区域、画布及视图区域、卡和功能架区域、智能推荐区域和工作表/仪表板/故事区域及状态栏，如图 6-11 所示。

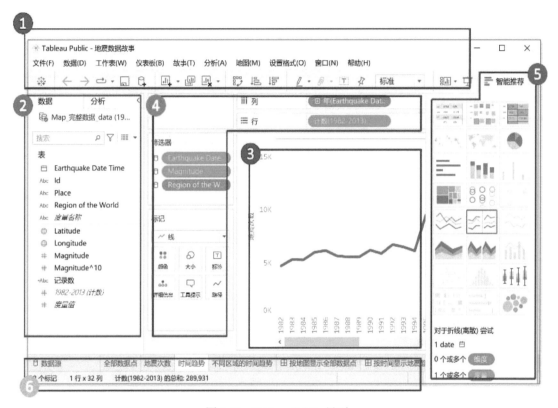

图 6-11　Tableau Public 界面

6.3.1　菜单及工具栏区域

在图 6-11 中，区域①为菜单及工具栏区域，包括 Tableau 的菜单及常用工具。Tableau 根据用户当前选中的对象的不同而动态显示不同的菜单项。例如，当用户选中"数据源"和"工作表"时，所显示的菜单项内容不同。

Tableau 常见的一级菜单有文件、数据、工作表、仪表板、故事、分析、地图、设置格式、服务器、窗口和帮助，分别表示 Tableau 为用户提供的主要功能。初学者需要重点熟悉的菜单如表 6-2 所示。Tableau 在工具栏中显示了常用的菜单项，如表 6-3 所示。

表 6-2　Tableau 的菜单

菜单项	主要功能
数据（Data）	为 Tableau 数据可视化和故事化创建新数据来源和编辑已有数据来源，如已有数据来源的修改和导出等功能
工作表（Worksheet）	创建新的数据可视化工作表，并调整工作表的组件以辅助可视化功能，如显示标题、说明、摘要等
仪表板（Dashboard）	创建新的数据可视化仪表板，并调整仪表板表的布局、背景网格、显示标题等
故事（Story）	创建新的数据故事，并设置故事的格式、显示标题、前进/后退按钮以及运行更新
分析（Analysis）	为 Tableau 数据可视化和故事化设置分析方式，如按行或列计算百分比或合计值、显示趋势线和特殊值、选择筛选器等
地图（Map）	调整地图显示方式，如在背景地图选项中切换已有的背景地图效果或添加 Mapbox 和 WMS 地图服务；在背景图像选项中添加静态图片背景
帮助（Help）	辅助用户使用 Tableau 工具，提供选择语言、检查更新、查看帮助等功能

表 6-3　Tableau Public 工具栏按钮

按　钮	功　　能
✳ Tableau 图标	导航到开始页面
← 撤销	返回上一次操作
→ 重做	恢复通过"撤销"按钮撤销的上一次操作
保存	保存对工作簿所做的更改
新建数据来源	创建新连接数据来源或打开已保存的连接数据来源
暂停自动更新	暂停自动查询数据来源
运行更新	更新数据来源（如新字段、字段名称或数据值有更改）
新建工作表	创建新的空白工作表、仪表板或故事
复制	创建一个包含当前工作表中所包含的相同视图的新工作表
清除	清除当前工作表。使用下拉菜单清除视图的特定部分，如筛选器、格式设置、大小调整和轴范围
交换	交换"行"功能架和"列"功能架的字段
升序排序	根据视图中的度量，以所选字段的升序来应用排序
降序排序	根据视图中的度量，以所选字段的降序来应用排序
∑ 合计	计算视图中数据的总计和小计，包括如下选项：① 显示列总计，添加一行，显示视图中所有列的合计；② 显示行总计，添加一列，显示视图中所有行的合计；③ 行合计移至左侧，将显示合计的行移至交叉表或视图的左侧；④ 列合计移至顶部，将显示合计的列移至交叉表或视图的顶部；⑤ 添加所有小计，若在一列或一行中有多个维度，则在视图中插入小计行和列；⑥ 移除所有小计，移除小计行或列
突出显示	启用所选工作表的突出显示
组成员	通过合并所选值来创建组。选择多个维度时，使用下拉菜单指定是对特定维度进行分组，还是对所有维度进行分组
T 显示标记标签	在显示和隐藏当前工作表的标记标签之间切换
固定轴	在仅显示特定范围的锁定轴以及基于视图中的最小值和最大值调整范围的动态轴之间切换
设置工作簿格式	通过在工作簿级别而不是在工作表级别上指定格式设置，在工作簿的每个视图中更改字体和标题的外观
标准 ▼ 适合	指定如何在窗口中调整视图大小，选项包括：标准适合、适合宽度、适合高度或整个视图。注意：此菜单在地理地图视图中不可用

按 钮	功 能
▾显示/隐藏卡	在工作表中显示或隐藏特定卡
演示模式	隐藏视图之外的所有内容
与其他人共享工作簿	将工作簿发布到 Tableau Server 或 Tableau Online
智能推荐	突出显示最适合数据中的字段类型的视图类型，帮助用户选择视图类型

6.3.2 数据源、工作表、仪表板和故事标签及状态栏

在图 6-11 中，区域⑥为数据源、工作表、仪表板和故事标签及状态栏区域，处于 Tableau 用户界面的底部。右击工作表后，Tableau 将显示快捷菜单，支持用户创建、复制、粘贴、删除和重命名工作表/仪表板/故事，如图 6-12 所示。

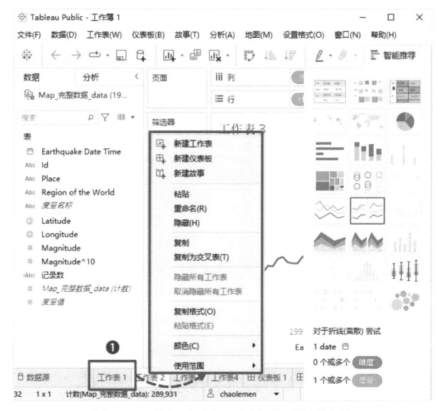

图 6-12 工作表、仪表板和故事标签及其快捷菜单

在 Tableau 中，创建的项目被称为"工作簿"。

工作簿中可以存放如下 4 种对象：① 工作表，一个工作簿可以包括零个或多个工作表；② 仪表板，一个工作簿可以包括零 0 个或多个仪表板；③ 故事，一个工作簿可以包括有零个或多个故事；④ 数据源，显示工作簿对应的数据来源。

与此对应，我们可以将 Tableau 的操作对象分为四个类型，即工作表、仪表板、故事和数据源的操作。当用户选择不同的操作对象时，Tableau 的其他区域（如菜单、工具栏、侧栏即窗格区域、画布即视图区域、卡和功能架区域和智能推荐区域等）的显示有所不同。因此，初学者应注意自己当前选择的对象到底是什么对象，是工作表还是仪表板，是故事还是数据源。

状态栏位于 Tableau 界面的底部，显示菜单项说明和有关当前视图的信息。例如，图 6-13 的状态栏显示该视图拥有 32 个标记，在 1 行和 32 列中显示，还显示视图中所有样本的计数为 289931 个。

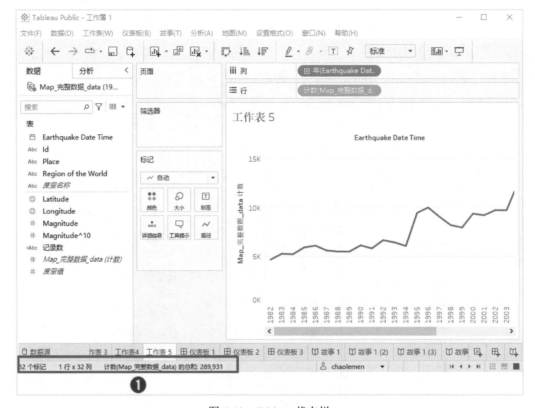

图 6-13　Tableau 状态栏

Sheets 表示工作簿中的每个工作表、仪表板和故事。工作表通过将字段拖放到功能架上来生成数据视图。仪表板是多个工作表中的视图的集合。故事包含一系列传达信息的工作表或仪表板。

6.3.3　侧栏及窗格区域

在图 6-11 中，区域②为侧栏及窗格区域，其中显示的窗格根据当前视图区域的特征动态变化，如图 6-14 所示。

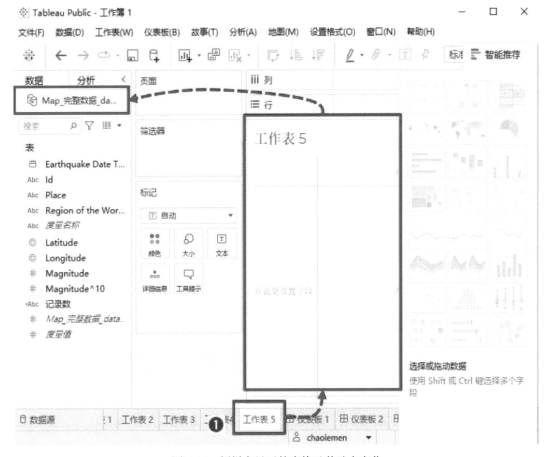

图 6-14　侧栏中显示的窗格及其动态变化

表 6-4 给出了当前视图区域与侧栏中显示的窗格之间的对应关系。

- 工作表：侧栏中显示的窗格为数据窗格和分析窗格，分别用于显示工作表中可访问的数据及其分析。
- 仪表板：侧栏中显示的窗格为仪表板窗格和布局窗格，分别用于设置仪表板及编辑其布局。
- 故事：侧栏中显示的窗格为故事窗格和布局窗格，分别用于创建故事点和故事导航器的设计。
- 数据源：侧栏中显示的窗格为连接窗格，用于连接数据来源。

表 6-4　当前视图区域与侧栏中显示的窗格之间的对应关系

当前视图区域	侧栏中显示的窗格	当前视图区域	侧栏中显示的窗格
工作表	数据窗格和分析窗格	故事	故事窗格和布局窗格
仪表板	仪表板窗格和布局窗格	数据源	连接窗格

6.3.4 画布及视图区域

在图 6-11 中，区域③为画布及视图区域，为工作区中的画布，可以从中创建可视化项。视图是用户在 Tableau 的画布上绘制或创建的可视化和故事化对象，如图表、图形、地图、绘图和文本表等。

Tableau 的画布有自己的布局。画布的布局因 Tableau 视图区域中编辑的对象不同，可以分为三种布局：工作表的布局、仪表板的布局、故事的布局。

图 6-15 给出了工作表的画布及其布局，已提供了工作表的基本布局，即将画布分为工作表的名称区域及三个放置字段区域。

图 6-15 工作表的画布及视图区域

用户可以在视图区域选中所需操作对象，单击右键，即可显示快捷菜单，如图 6-16 所示。

6.3.5 卡和功能架区域

在图 6-11 中，区域④为卡和功能架区域。常见的卡有页面卡、筛选器卡、标记卡三种，如图 6-17 所示。单击不同卡区域右上角的小箭头，可以隐藏对应的卡。

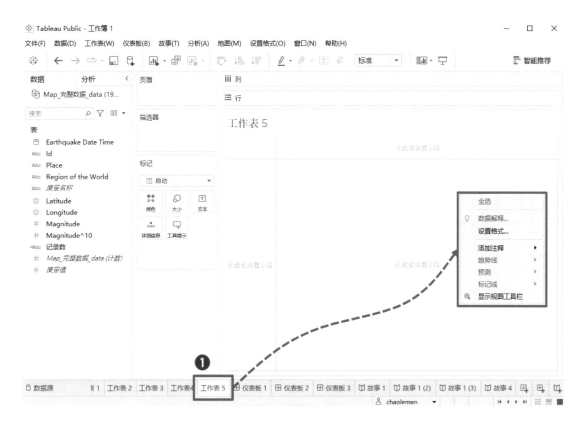

图 6-16 视图区域中的快捷菜单

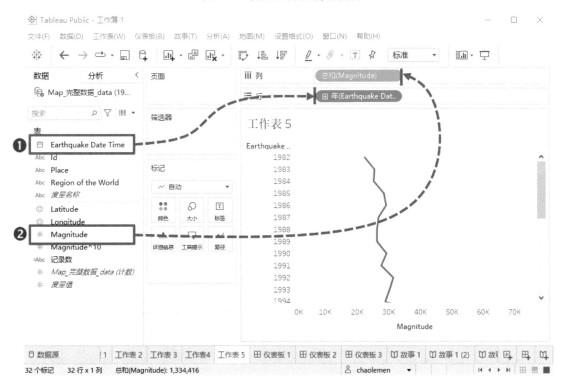

图 6-17 功能架区域及拖放操作

通常，用户只有选择"工作表"时，Tableau 才显示卡和功能架区域。如果当前选择为"故事"或"仪表板"，就不显示此区域。

在图 6-17 中，"列"和"行"的右侧单元格为功能架，即用户可以将字段等对象从其他位置（如"数据窗格"等）拖放至此处。同样，"标记""筛选器"和"页面"等卡也是功能架区域，可将其他对象拖至卡区域的空白处。

（1）标记卡

标记卡（Marks Card）是 Tableau 视觉分析的关键元素，将字段拖到不同属性上后，上下文和详细信息会添加至视图中的标记。标记卡可以设置标记类型，并使用颜色、大小、形状、文本和详细信息对数据进行编码，如图 6-18 所示。

图 6-18　标记卡

"Profit"（利润）的总和位于"颜色"属性上，"Country"（国家）位于"标签"属性上。"标签""详细信息""工具提示"和"颜色"属性可以添加多个字段。"大小"一次只能有一个字段。

（2）筛选器功能架

筛选器功能架（Filters Shelf）用于指定要包含和排除的数据。可以根据构成表列和表行的字段来筛选数据，称为内部筛选。也可以使用不属于表的标题或轴的字段来筛选数据，称为外部筛选。所有经过筛选的字段都显示在"筛选器"功能架上。如图 6-19 所示，将区域（Region）字段拖到"筛选器"功能架，就可进行内部筛选，通过勾选或者不勾选的方式确定想保留或者舍弃的特征。

（3）页面功能架

页面功能架（Pages Shelf）可以将视图划分为一系列页面，从而方便用户更好地分析特定字段对视图中其他数据的影响。某维度放置到页面功能架上后，该维度的每个成员将添加一个新行。某度量放置到页面功能架上后，该度量将自动转换为离散度量。

例如，在图 6-20 中，将区域（Region）字段拖到"页面"功能架，则可按不同的区域选择查看销售额总和。

图 6-19　筛选器功能架

图 6-20　页面功能架

6.3.6　智能推荐区域

在图 6-11 中，区域⑤为智能推荐区域，为用户提供了推荐使用的图表，并根据当前画布上绘制的视图内容的不同，动态显示可用的图表类型。无法适用于当前视图的图表类型时，智能推荐区域中显示为"不可用"，并在该区域的最下方给出文字提示，如图 6-21 所示。

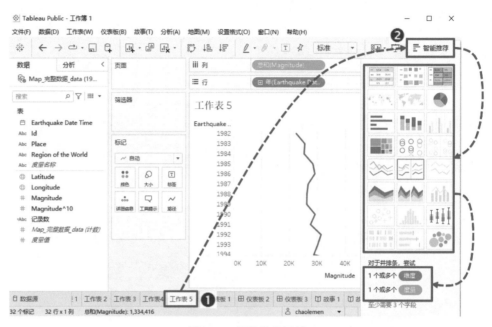

图 6-21　智能推荐区域

6.4　Tableau 的术语

基于 Tableau 的数据故事化实践涉及以下几个核心术语。

6.4.1　数据来源（Data Source）

若要构建视图并分析数据，必须先将 Tableau 连接到数据。Tableau 支持连接到存储在各地方的各种数据，如图 6-22 所示。例如，数据可以存储在计算机的电子表格或文本文件中，可以存储在企业内服务器的大数据、关系或多维数据集（多维度）数据库中，可以连接到 Web 上的公共域数据，可以连接到云数据库来源，如 Google Analytics、Amazon Redshift 或 Salesforce。

图 6-22　Tableau Public 连接数据来源

连接到数据后，单击"数据来源"选项可转到数据来源页面，如图 6-23 所示。

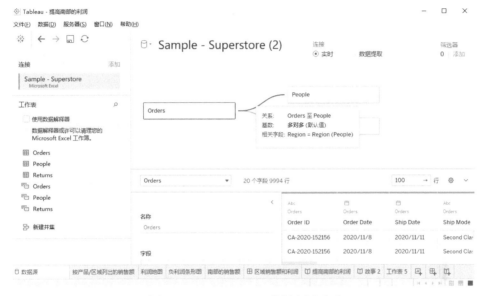

图 6-23　Tableau Public 数据来源页面

该页面的左窗格显示连接的数据来源和有关数据的其他详细信息。在画布上可创建逻辑表之间的关系，图 6-23 中的 Orders 和 People 表格之间是多对多的关系，相关字段是 Region。数据网格中可显示 Tableau 数据来源中所包含的前 100 行数据。

6.4.2　工作簿及其组成

Tableau 使用工作簿（Workbooks）和工作表（Worksheets）文件结构，与 Microsoft Excel 非常相似。工作簿包含工作表、仪表板和故事，如图 6-24 所示。

工作表包含单个视图以及工具架、卡片、图例和侧栏。工作表的侧栏包括两种窗格：数据窗格和分析窗格。Tableau 的工作表主要用于绘制可视化图表。

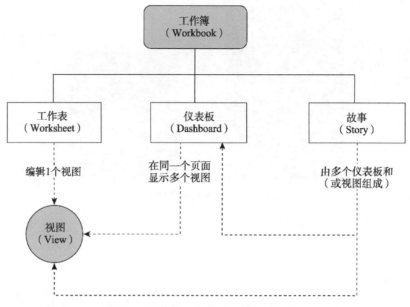

图 6-24　工作簿、工作表、仪表板和故事

仪表板是来自多个视图的集合，侧栏包含两种窗格：仪表板窗格和布局窗格。

故事包含一系列视图或仪表板，它们协同工作，以传达信息。故事的侧栏包含两种窗格：故事窗格和布局窗格。

与 Microsoft Excel 类似，用户在 Tableau 中创建的"项目"或"工程"也被称为"工作簿"，而且"工作簿"中包含多个"工作表"。

与 Microsoft Excel 不同，Tableau 的"工作簿"不仅可以包含多个工作表，还可以包含（零个或多个）仪表板和（零个或多个）故事。

6.4.3　窗格及其类型

Tableau 的侧栏区域中显示的子窗口被称为窗格（Pane）。Tableau 侧栏区域中显示的窗格因用户当前选中的 Tableau 对象如工作表、仪表板或故事而不同。

Tableau 的窗格有多种，如数据窗格、分析窗格、仪表板窗格、故事窗格和布局窗格等。其中，较为复杂的窗格有两种，即数据窗格和分析窗格。

数据窗格（Data Pane）包含按表组织的各种字段，并在字段前面根据数据类型显示对应的图标，常见的图标及对应数据类型如表 6-5 所示，可以对每个常规字段进行复制、重命名、隐藏、分组等操作。

分析窗格（Analytics pane）中提供了汇总、模型和自定义的一些分析项目。从分析窗格拖动项目时，Tableau 会显示该项目的可能选项，选择范围因项目类型和当前视图而异。例如，图 6-25 将"含四分位点的中值"拖到视图中后，显示可将参考线按表、区或

表 6-5　Tableau Public 数据窗格图标及对应数据类型

图　标	数据类型	图　标	数据类型
Abc	文本（字符串）值	#	数字值
📅	日期值	T|F	布尔值（仅限关系数据来源）
📅🕐	日期和时间值	🌐	地理值（用于地图）

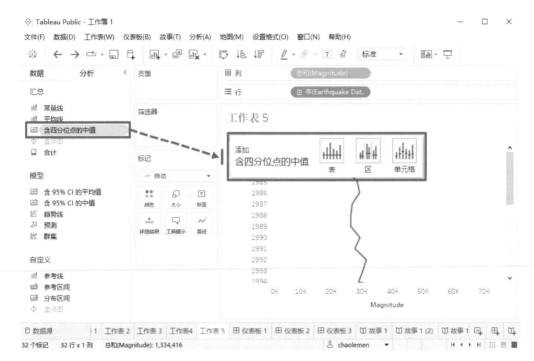

图 6-25　分析窗格中的"含四分位点的中值"参考线

单元格添加。分析窗格的分析项目如表 6-6 所示。

表 6-6　Tableau Public 分析窗格的分析项目及其功能

分析项目	功　　能
常量线	为特定度量、所有度量或日期维度指定常量值
平均线	为特定度量或所有度量添加平均线
带四分位数的中位数	将一组或多组中线和分布带添加到视图
盒须图	向视图添加一个或多个箱线图
含 95% CI 的平均值	添加一组或多组具有分布带的平均线；分布带配置为 95%置信区间
含 95% CI 的中值	添加一组或多组带分布带的中线；分布带配置为 95%置信区间
趋势线	Tableau 中可用的趋势线模型类型：Linear、Logarithmic、Exponential 和 Polynomial
预测	当视图中至少有一个度量时，将预测添加到视图
群集	将数据划分为不同的群集
自定义	自定义参考线、参考区间、分布区间和盒须图

6.4.4　功能架及其类型

功能架（Shelf）是 Tableau 中提供的一种命名区域，用户可以将其他对象拖至此命名区域中。也就是说，功能架是用户拖放操作的目的区域。

VizQL 与功能架

Tableau 中的功能架（Shelf）支持用户通过拖放操作进行数据可视化工作，其底层原理为 Tableau 的一种关键技术——VizQL 语言。

Tableau 中的每个工作表都包含功能架和卡，如"列""行""标记""筛选器""页面""图例"等。通过将字段放在功能架或卡上，可以执行以下操作：

- 构建可视化项的结构。
- 通过包括或排除数据来提高详细级别以及控制视图中的标记数。
- 通过使用颜色、大小、形状、文本和详细信息对标记进行编码，可以为可视化项添加上下文。
- 尝试将字段放置在不同功能架和卡上，以找到查看数据的最佳方式。

"列"或"行"功能架中，"列"功能架用于创建表列，而"行"功能架用于创建表行。可以将任意数量的字段放置在这些功能架上，如图 6-26 所示。右键单击（在 MacOS 中是按住 Control 键单击）要隐藏的行或列，然后选择"隐藏"，即可隐藏该行或该列。

图 6-26　"列"和"行"功能架

6.4.5　视图及其智能推荐

Tableau 中的视图（View）是指一个基本的可视化项（图表对象），与关系数据库和数据科学中常提及的"视图"的概念不同。

在 Tableau 中，视图是指用户创建的一个可视化基本项（Visualization 或 viz），即用户在 Tableau 的画布上绘制或创建的可视化和故事化对象。视图的表现形式有多种，如图表、图形、地图、绘图、文本表。例如，图 6-27 的折线图属于 Tableau 中的视图之一。

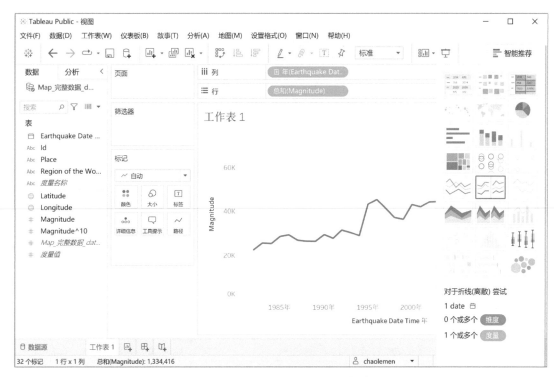

图 6-27　Tableau 视图的示例——折线图

Tableau 为视图提供了"智能推荐"功能，让用户可以改变视图的表现形式。如在图 6-28 中，将视图的表现形式从"折线图"改为"气泡图"。

6.4.6　仪表板

仪表板（亦称看板或 Dashboard）是大数据时代常用的一种数据展示方式。仪表板通过将多个图表显示在同一个页面上，并支持用户交互的方式，为受众提供一种提高数据理解广度和深度的有效手段。目前，仪表板技术广泛应用于企业宣传、成果展示、现场监控、决策支持等领域。

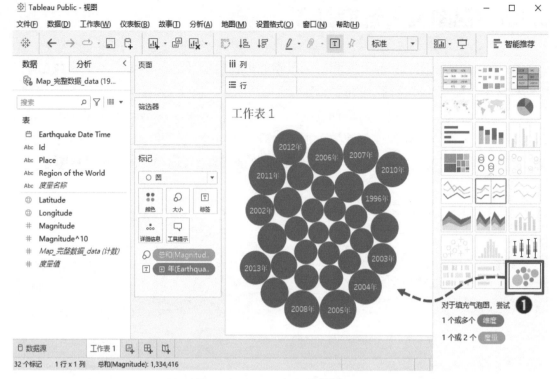

图 6-28　Tableau 智能推荐的示例

仪表板是在同一个页面上显示的若干相关视图的一种技术。通常，仪表板中显示的多个视图之间存在一定的动态关联关系，仪表板可以分为如下两大类（如表 6-7 所示）。

表 6-7　仪表板的内容组织模式

内容组织模式	显示内容	显示效果
分解模式	同一个数据对象的多个不同视角分析结果	提升数据理解的深度
合并模式	同一个视角下的不同数据对象分析结果	提升数据理解的广度

1. 分解模式

在仪表板上显示同一个数据对象的多个不同视角分析结果，进而提高用户对同一个数据对象的理解深度。例如，图 6-29 中的仪表板对所在部门、工作状态、年龄、性别等多个视角显示某企业的人力资源。

2. 合并模式

在仪表板上显示同一个视角下的不同数据对象分析结果，进而提高用户对同一视角下的数据理解的广度。例如，图 6-30 用盈利明细单（Profitability Details）、每次出货的盈利能力（Profitability Per Shipment）、按企业显示盈利能力（Profitability by Company）三个数据显示了盈利能力 KPI。

图 6-29　Tableau 仪表板的类型之——分解模式

（图片来源：Tableau 官网，作者 Gandes Goldestan）

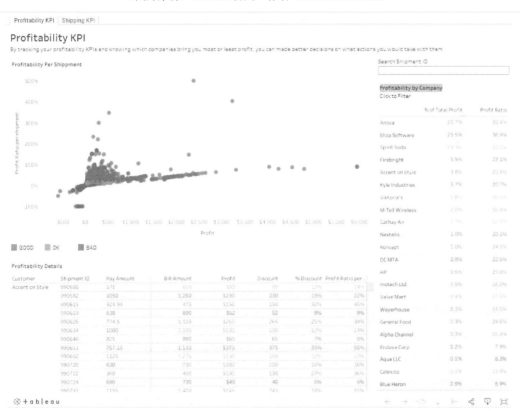

图 6-30　Tableau 仪表板的类型之——分解模式

（图片来源：Tableau 官网）

6.4.7　故事

在 Tableau 中，故事（Story）是一系列共同作用以传达信息的虚拟化项。用户可以创建故事，以讲述数据，提供上下文，演示决策与结果的关系，或者只是创建一个极具吸引力的案例。例如，图 6-31 给出了一则主题为"Why have driving fatalities decreased in the United States"（为什么美国的驾驶死亡人数减少了）的故事，其中包含"And by the 2000's safety equipment came"（到 2000 年，安全设备的投入使用）等多个故事点。

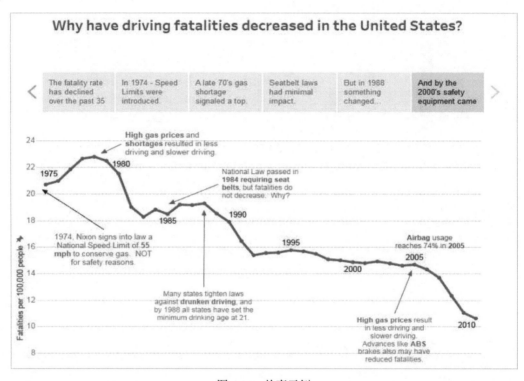

图 6-31　故事示例

目前，Tableau 的故事的本质是按一定顺序排列的视图（来自工作表）和仪表板的集合，故事中各单独的视图和仪表板称为故事点（Story Points），如图 6-32 所示。

Tableau 的故事的一个重要特色就是支持用户与故事之间的交互，以便提高故事讲述的效果及受众驱动式故事叙述模式。

6.4.8　参数

Tableau 参数（Parameters）是指工作簿变量，是工作簿级的全局变量，如数字、日期或字符串，可以通过自行设置一个参数控件来替换计算、筛选器或参考行中的常量值。

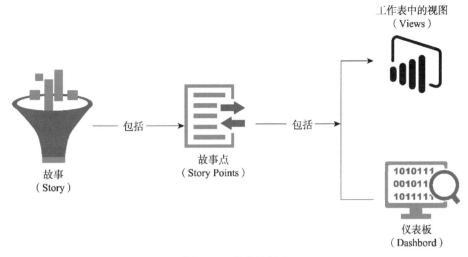

工作表中的视图
（Views）

故事
（Story）

包括

故事点
（Story Points）

包括

仪表板
（Dashbord）

图 6-32　故事的组成

例如，想区分哪些地区的"销售额大于$400,000"，则可以设定一个 400000 的参数。首先创建参数（如图 6-33 所示），在"数据"窗格中单击右上角的下拉箭头，并选择"创建参数"，在弹出的对话框中可为字段指定名称、指定参数将接受的值的数据类型、设定参数的默认值、在工作簿打开时指定值、在参数控件中使用的显示格式、参数接受值的方式等。

创建参数 ✕

名称(N)：销售额大于$400,000　　　　　　　　　　　注释(C) >>

属性

数据类型(T)：　浮点　　　　　　　　　　　　　　▼

当前值(V)：　　400,000

工作簿打开时的值(O)：　当前值　　　　　　　　　▼

显示格式(F)：　　400,000　　　　　　　　　　　▼

允许的值：　　　◉ 全部(A)　○ 列表(L)　○ 范围(R)

确定　　　取消

图 6-33　创建参数

接着，右击参数字段，然后选择"创建"→"计算字段"，就可以创建一个简单的 IF 语句（如图 6-34 所示），使得在销售额大于$400,000 时返回"多"，否则返回"少"。

最后，将计算字段"计算 1"拖到"颜色"标记属性，在视图中可用不同颜色区分销售额"多"和"少"的区域，如图 6-35 所示。

IF SUM([Sales]) > [销售额大于400,000]
THEN "多"
ELSE "少"
END

计算有效.   应用   确定

图 6-34   创建计算字段

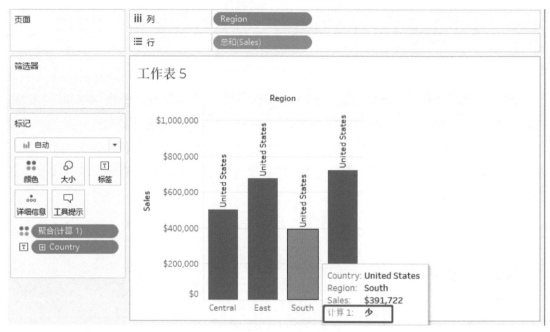

图 6-35   计算字段

从取值方式看，Tableau 中的字段可以分为常规字段和计算字段两种：前者的取值来自数据来源，属于原始数据字段，后者是通过对前者进行各种计算后得出的临时的虚拟字段。

6.4.9   维度和度量

在 Tableau 中，对于数据来源中的每个表或文件夹，维度（Dimension）字段显示在灰色线上方，度量（Measure）字段显示在灰色线下方。维度字段通常包含分类数据（如产品类型和日期），而度量字段包含数值数据（如销售额和利润）。在某些情况下，表或文件夹一开始可能仅包含维度，或者仅包含度量。系统会为每个字段自动分配一种数据类型（如整数、字符串、日期）和一个角色：离散维度或连续度量，如图 6-36 所示。

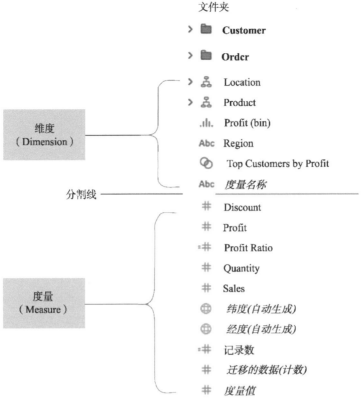

图 6-36　数据窗格中显示的维度和度量

表 6-8 给出了维度与度量的区别。

表 6-8　维度与度量的区别

	维　度	度　量
数据类型	定性数据	定量数据
举例	名称，日期和地理数据	数值及定量值

① 维度包含定量值（如名称、日期或地理数据），可以使用维度进行分类、分段和揭示数据中的详细信息，影响视图中的详细级别。

② 度量包含可以测量的数字定量值，可以聚合。将度量拖到视图中时，Tableau 会默认向该度量应用一个聚合。

注意，维度和度量通常可以相互转换。将字段拖到"行"或"列"位置时，右击该字段，可以将"Quantity"（数量）字段从维度转换为度量，如图 6-37 所示。可选的度量方式有总和、平均值、中位数、计数、计数（不同）、最小值、最大值、百分位、标准差、标准差（总体）、方差、方差（群体）等。

图 6-37　将维度转换为度量

6.4.10　连续字段和离散字段

Tableau 在视图中以不同的方式表示数据，具体取决于字段是离散字段（蓝色）还是连续字段（绿色），这些字段也被称为胶囊（pill），如图 6-38 所示。连续和离散是数学术语。连续意指"构成一个不间断的整体，没有中断"；离散意指"各自分离且不同"。

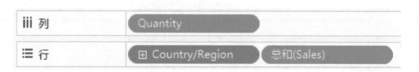

图 6-38　胶囊

绿色表示连续（Continuous）字段，字段值被视为无限范围。通常，连续字段会向视图中添加轴。如图 6-39 所示。蓝色表示离散（Discrete）字段，离散值被视为有限的。通常，离散字段会向视图中添加标题，如图 6-40 所示。

在示例中，"Sales"（销售额）字段为连续度量，具有聚合函数 SUM，将创建一个垂直轴，因为它是连续字段且已添加到"行"功能架。如果它位于"列"功能架上，就会创建水平轴。"Quantity"（数量）字段名称中没有聚合函数，则表明它是维度。如果将"Quantity"字段设置为"连续"，就会沿视图的底部创建一个水平轴，绘制出的是折线图。如果将"Quantity"字段设置为"离散"，就会创建水平标题，而不是轴。蓝色的背景和水平标题表明它是离散字段。

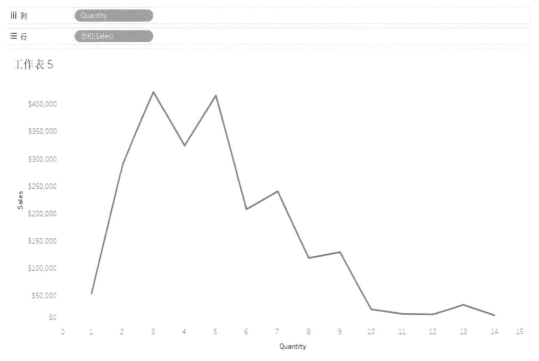

图 6-39　连续字段

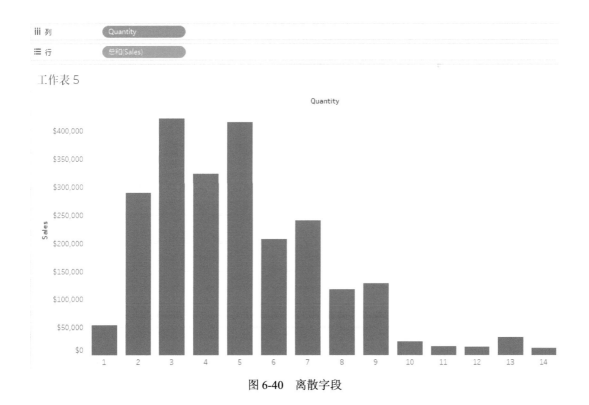

图 6-40　离散字段

6.5 Tableau 的关键技术

6.5.1 VizQL

  VizQL 起源于斯坦福大学的 Polaris 系统,起初是一种面向数据库的可视化查询语言。目前，VizQL 已成为 Tableau 的关键技术之一，是 Tableau 可视化功能的底层原理。当用户在 Tableau 界面中拖放数据时，每个拖放操作都会自动生成一个 SQL 查询语句，将查询语句翻译成 VizQL 语句，并以 Tableau 视觉对象的形式显示 VizQL 查询语句的执行结果，如图 6-41 所示。

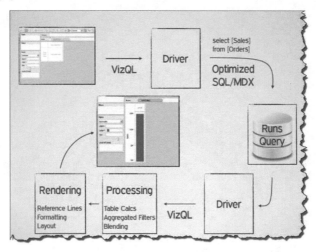

图 6-41　VizQL 的框架
（来源：Tableau 官网）

  VizQL 不仅支持数据库查询语言（如 SQL 和 MDX）查询和分析功能，还增加了新功能——查询返回结果的可视化。与标准数据库查询语言类似，VizQL 生成用于筛选器的 WHERE 子句、用于排序的 ORDER BY 子句、用于控制详细程度和聚合的 GROUP BY 子句等。VizQL 将 Tableau 中的"行"和"列"、标记卡和相应的筛选器生成后，发送到数据来源的 SQL 表达式。图 6-42 给出了 VizQL 语句及其对应的 SQL 语句和可视化结果之间的对应关系图。

  VizQL 是从斯坦福大学于 2002 年推出的 Polaris 系统演变而来的一种数据库查询语言，将查询、分析和可视化结合到统一框架。VizQL 是用于描述表格、图表、图形、地图、时间序列和图表的形式化语言，这些不同类型的视觉表示形式被统一到一个框架中，从而易于从一种视觉表示形式切换到另一种视觉表示形式。

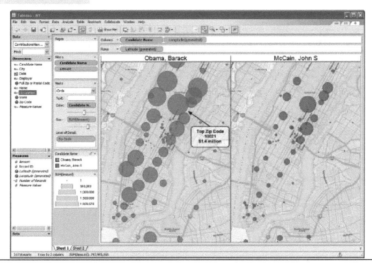

```
VizQL 语言代码

SELECT Latitude ON ROWS,
        ([Candidate Name] * Longitude) ON COLUMNS,
        [Candidate Name] ON COLOR,
        SUM(Amount) ON SIZE,
        [zip Code] ON LEVEL._OF_ DETAIL
FROM [Contributions View]
WHERE [Candidate Name] = {"John McCain","Barack Obama"}
```

```
对应的SQL语言代码

SELECT ([Contributions View].[Candidate Name]),
        (Contributions View].[Zip Code]),
        (SUM([Contributions View].[Amount]))
FROM [dbo].[Contributions View]
WHERE ((([Contributions View].[Candidate Name]) IN ('McCain, John S', *Obama, Barack'))
GROUP BY ([Contributions View].[Candidate Name]), ([Contributions View].[Zip Code])
```

对应的可视化结果

图 6-42　VizQL 语句

（来源：Jim Gray，2008）

VizQL 是一种声明性语言，因此用户只告诉要创建什么图形元素即可，不需要描述如何生成它。所以，VizQL 降低了使用 Tableau 的难度，用户可以通过简单的拖曳操作即可实现数据的可视化，不需要编写标准数据库查询语言的代码。

例如，用户通过简单拖曳操作增加一个新字段 order（如图 6-43 所示）时，Tableau将自动生成对应的 SQL 语句。此外，用户可以在日志文件中查看 Tableau 生成的 SQL 语句及其运行性能数据，如图 6-44 所示。

VizQL 可以在不同的 Tableau 产品上运行，如 Tableau Desktop、Tableau Server 和 Tableau Online。

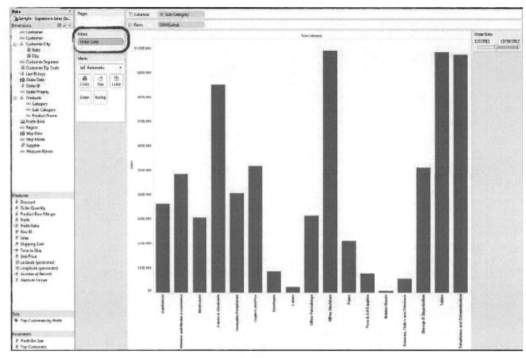

图 6-43　在 Tableau 中以拖曳方式增加字段 order
（来源：Tableau 官网）

Performance Summary

This workbook shows the main events while recording performance. Search Help for details on how to interpret the workbook and improve performance of Tableau.

Show Events taking at least (in   0.00   0.06

Timeline

Workbook	Dashboard	Workshe	Event
Book2	Null	Sheet 1	Computing Layout
			Executing Query

8   9   10   11   12   13   14   15   16   17
Time (s)

Events Sorted by Time

Events
■ Computing Layout
■ Executing Query

Executing Query   2.06
Executing Query   0.04
Computing Layout   0.02
Executing Query   0.02
Computing Layout   0.03
Computing Layout   0.05
Computing Layout   0.01

0.000 0.005 0.010 0.015 0.020 0.025 0.030 0.035 0.040 0.045 0.050 0.055 0.060
Elapsed Time (s)

Query

```
SELECT [Orders$].[Product Sub-Category] AS [none:Product Sub-Category:nk],
  SUM([Orders$].[Sales]) AS [sum:Sales:qk]
FROM [Orders$]
WHERE (([Orders$].[Order Date] >= #01/02/2011 00:00:00#) AND ([Orders$].[Order Date] <= #12/30/2012 00:00:00#))
```

图 6-44　查看 Tableau 自动生成的 SQL 代码及其执行性能
（来源：Tableau 官网）

6.5.2 HyPer

HyPer（Hybrid OLTP&OLAP High Performance DBMS，OLTP 和 OLAP 融为一体的高性能数据库管理系统）是 Tableau 的一种高性能内存数据引擎技术，通过直接在事务数据库中有效评估分析查询，帮助客户更快地分析大型或复杂数据集。作为 Tableau 平台的一项核心技术，Hyper 使用专有的动态代码生成和行技术来实现数据提取创建和查询执行的快速性能。

> 于 2010 年作为慕尼黑工业大学（Technische Universität München，TUM）的一个学术研究项目开始，HyPer 于 2015 年分离为一个独立组织，目标是将 HyPer 带入工业并提供该技术的商业版本。HyPer 于 2016 年被 Tableau 收购，已成为 Tableau 的一项关键技术。

HyPer 是一种基于主内存的关系数据库管理系统，改变了传统的 OLTP（Online Transaction Processing）和 OLAP（Online Analytical Processing）部署关系，如图 6-45 所示。在传统解决方案中，OLTP 和 OLAP 是分离的，OLTP 操作运行在数据库系统中，并将数据库的数据定期地按主题 ETL 操作后存入数据仓库，最后由 OLAP 技术对数据仓库的数据进行处理，OLAP 和 OLTP 操作之间存在时间上的延迟关系，二者操作的数据对象并非为同一（状态）的数据。然而，HyPer 改变了 OLAP 和 OLTP 之间的分离关系，将二者混合在一起，确保二者处理相同（状态）的数据，降低了 OLTP 和 OLAP 操作之间的延迟，将 OLAP 和 OLTP 融为一体。

HyPer 的主要创新思想为以数据为中心的查询处理的机器代码生成和多版本并发控制。HyPer 的 OLTP 吞吐量与专用事务处理系统相当或更高，其 OLAP 性能与最佳查询处理引擎相匹配。HyPer 将 OLTP 和 OLAP 混合在一起，同时处理相同数据，确保二者的数据处于同一个状态，二者之间不存在数据延迟或不平衡状态。因此，HyPer 在相同的数据库状态下同时实现了 OLTP 和 OLAP 性能。HyPer 将传统数据仓库操作的以下三个步骤并行化（如图 6-46 所示）：事务和连续数据获取（在线事务处理，OLTP），分析（在线分析处理，OLAP），超关系（在线超关系处理，OBRP）。

HyPer 的主要特征如下。

① 内存数据管理：HYper 依赖于内存数据管理，没有传统数据库系统由 DBMS 控制的页面结构和缓冲区管理造成的镇流器。SQL 表定义被转换为简单的基于向量的虚拟内存表示，这构成了面向列的物理存储方案。

② 以数据为中心的代码生成：事务和查询在 SQL 或类似 PL/SQL 的脚本语言中指定，并被编译成高效的 LLVM 汇编代码。

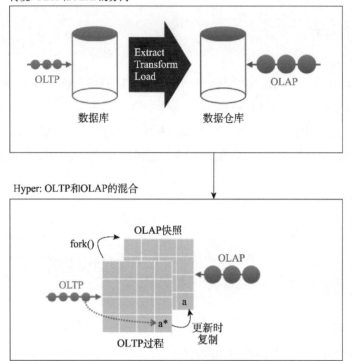

图 6-45　HyPer 与传统解决方案的区别
（图片来源：Thomas Neumann，2016）

图 6-46　Hyper 的特征
（图片来源：Tableau 官网）

③ 多版本并发控制：OLAP 查询处理与使用多版本并发控制（MVCC）的关键任务 OLTP 事务处理分开。

④ 无损（无妥协）：HyPer 的事务处理完全符合 ACID。SQL-92 中指定了查询及后续标准的一些扩展。

目前，作为一种高性能的数据库系统，HyPer 已被集成到 Tableau 的产品中，为用户带来一系列新功能：更快地分析各种规模的数据，增强的数据集成、数据转换和数据混合，更丰富的分析，如 k-Means 聚类和窗口函数，通过支持半结构化和非结构化数据来支持大数据工作，统一分析和交易系统。

6.6 Tableau 的操作方法

6.6.1 连接到数据来源

连接到目标数据是基于 Tableau 的可视化和故事化的操作前提，具体操作方法如下。

首次打开 Tableau 或在已打开的 Tableau 中单击 Tableau 图标时，系统将显示或跳转至 Tableau 首页，如图 6-47 所示，其中显示"连接"到数据的功能。

图 6-47　Tableau 首页

然后，与数据来源建立连接。根据数据来源，即目标数据的存放位置（本地或服务）和目标数据的文件格式（如 Excel、JSON、文本、PDF 等），选择所需的菜单项，并按照 Tableau 的向导提示建立数据连接，如图 6-48 所示。

接着，查看及修改数据连接。成功建立数据来源连接后，将出现"数据库"窗格，其中包括已建立的连接及目标数据库，如图 6-49 所示。如有必要，用户还可以从中修改数据连接，如删除和更新数据连接，以及对不同数据来源进行合并（Merge）或连接（Join）的操作。

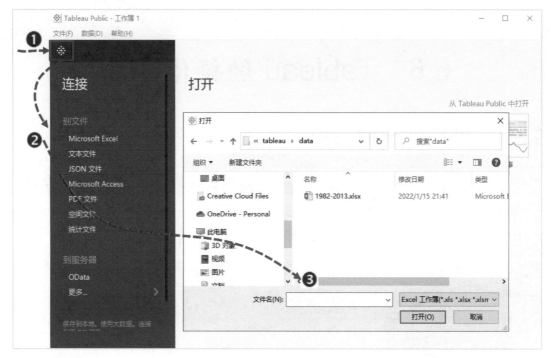

图 6-48　与数据来源建立连接

图 6-49　数据来源的连接及其显示

通常，在数据来源连接后、数据可视化前，需要对数据进行一定的预处理工作。Tableau 的"数据库"窗格提供的预处理功能有限，用户可以使用 Tableau 提供的数据预处理专用工具 Tableau Prep Builder 或其他数据处理工具进行数据预处理。

6.6.2 工作表及视图的编辑

Tableau 的工作表主要用于视图的创建和修改等操作。

1. 工作表视图的创建

Tableau 的视图是在其视图区域中进行创建和编辑。视图的创建以"行"和"列"为基础进行，用户可以从"数据"窗格中将所需字段拖动并放在视图编辑区域上方的"行"和"列"后的功能架，即可生成对应视图，如图 6-50 所示。

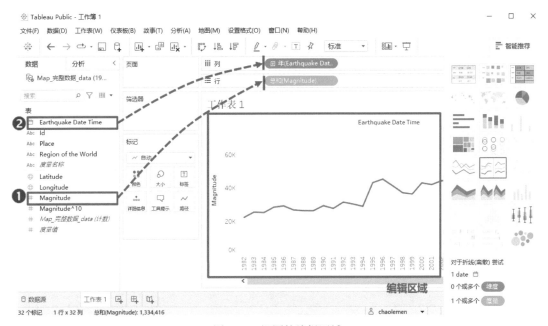

图 6-50 视图的编辑区域

2. 工作表视图的修改

Tableau 为视图提供了"智能推荐"功能，方便用户改变视图的表现形式，见图 6-28。

Tableau 支持视图的颜色、大小、标签、详细信息和工具提示等属性的修改，用户可以通过"标记"栏目进行修改，如图 6-51 所示。

提示：通常，在视图中将最重要的数据放在 X 轴或 Y 轴上显示，其他数据以颜色、大小和形状等属性表示。

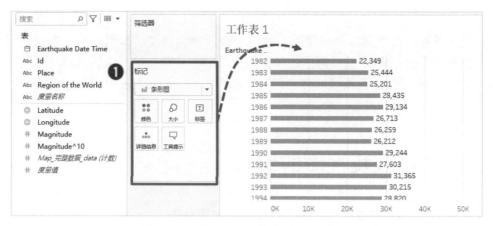

图 6-51　工作表视图的修改（图表属性）

3. 工作表视图的浏览

在工作表中，通过快捷键 F7 或"浏览"按钮可以实现视图的预览目的，如图 6-52 所示。

图 6-52　视图的预览

提示：通常，在视图中将最重要的数据放在 X 轴或 Y 轴上显示，其他数据以颜色、大小和形状等属性表示。

4. 工作表视图的重命名及隐藏

在工作簿底部的工作表/仪表板/故事标签区域，选中需要删除的工作表，单击右键，通过弹出的快捷菜单命令，可以对当前工作表进行隐藏和重命名等操作，如图 6-53 所示。

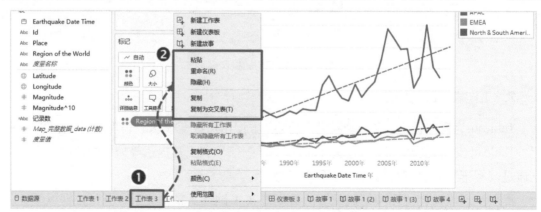

图 6-53　仪表板的重命名和隐藏

6.6.3 仪表板的编辑

Tableau 视图的设计应遵循 KISS（Keep It Simple, Stupid Principle）原则，即简单至傻瓜也能看懂，不应该将许多度量和维度都塞在同一个视图中，而是将它们分解成多个小视图，并将多个视图做成一个仪表板。

1. 仪表板的创建

在工作表状态下，选择菜单"仪表板"→"新建仪表板"（或者，在工作簿的底部单击右键，在弹出的快捷菜单中选择"新建仪表板"命令），如图 6-54 所示，即可创建新的仪表板。

图 6-54 新建仪表板（通过主菜单或快捷菜单创建）

2. 仪表板的修改

通过鼠标拖放操作，将"仪表板"窗格中显示的工作表及其视图拖至仪表板画布，生成和修改仪表板的内容，如图 6-55 所示。

在此基础上，通过选择特定视图右上角的高亮显示的工具栏，即可对仪表板中的每个视图进行修改操作，进而达到仪表板的修改目的，如图 6-56 所示。

3. 仪表板的预览

"仪表板"窗格中提供了"设备预览"功能，选择不同的设备类型，可以生成仪表板在特定设备中的预览效果，如图 6-57 所示。

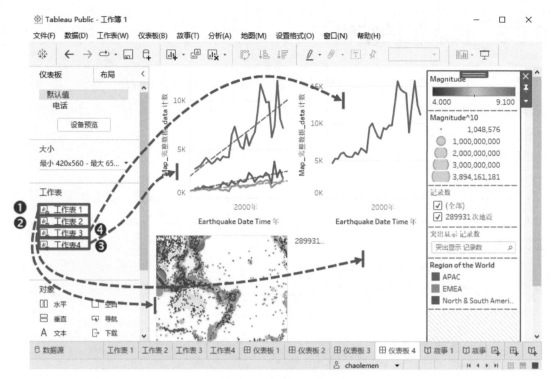

图 6-55　仪表板的修改

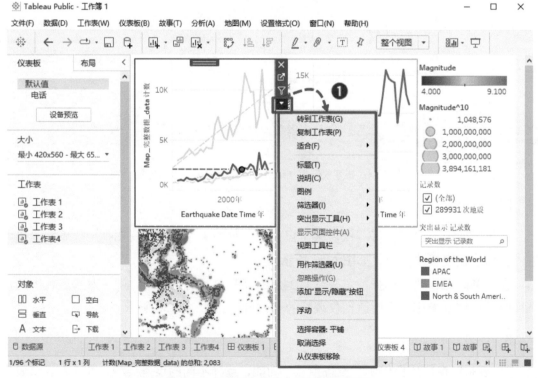

图 6-56　仪表板中的每个视图的修改操作

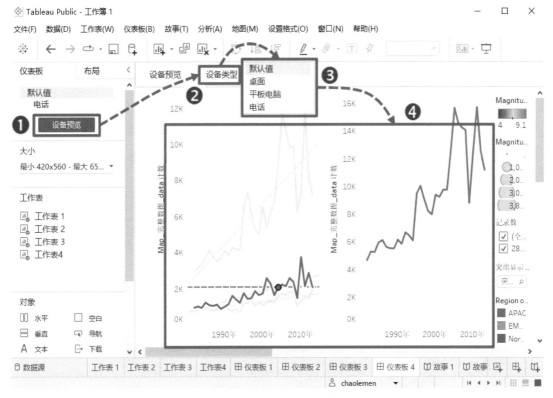

图 6-57　仪表板的预览

4. 仪表板的重命名与删除

在工作簿底部的工作表/仪表板/故事标签区域，选中需要删除的仪表板，单击右键，通过弹出的快捷菜单命令，可以对当前仪表板进行删除和重命名等操作，如图 6-58 所示。

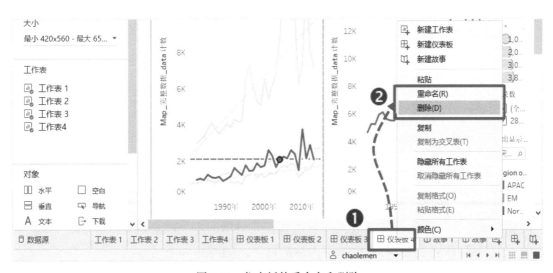

图 6-58　仪表板的重命名和删除

6.6.4 故事的编辑

目前，Tableau 提供的故事可以理解为按一定顺序排列的工作表视图或（和）仪表板的集合。Tableau 的现有功能仅支持线性叙事方式。故事中的每个单独的工作表视图或仪表板被称为故事点（Story Point）。

1. 故事的创建

在工作表状态下，选择菜单"故事"→"新建故事"（或者，在工作簿的底部单击右键，在弹出的快捷菜单中选择"新建故事"命令），即可创建新的故事，如图 6-59 所示。

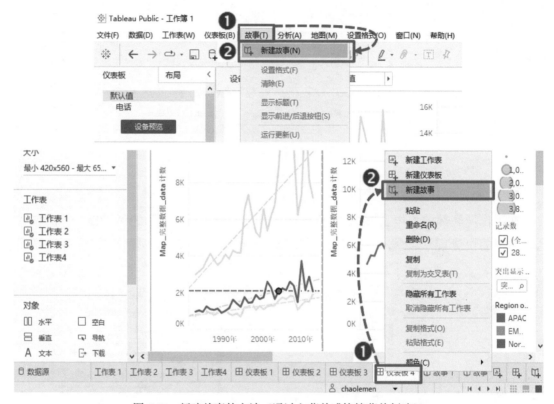

图 6-59 新建故事的方法（通过主菜单或快捷菜单创建）

2. 故事的修改

当用户从"故事"窗格中选中某工作表视图或仪表板并拖放至故事画布时，Tableau将自动生成一个故事点，并修改其显示说明。通过增加多个故事点，或者调整其演示顺序的方式，最终达到生成和修改故事内容的目的，如图 6-60 所示。

通过拖动故事点，可以调整一个故事中的故事点的演示顺序，如图 6-61 所示。

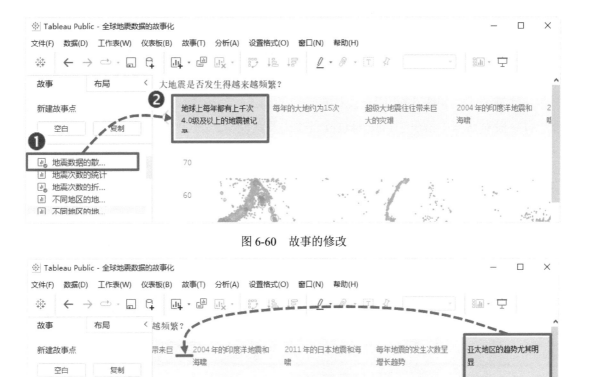

图 6-60　故事的修改

图 6-61　调整故事点的演示顺序

3. 故事的预览

按快捷键 F7，或单击故事的"浏览"按钮，可以实现故事的预览，如图 6-62 所示。

图 6-62　故事的预览

4. 故事的重命名和删除

在工作簿底部的工作表/仪表板/故事标签区域，选中需要删除的故事，单击右键，通过弹出的快捷菜单命，可以对当前故事进行重命名和删除操作。

6.6.5　数据的分析

1. 计算字段及函数

Tableau 的字段可以分为常规字段和计算字段两种：前者的取值来自数据来源，属于原始字段，后者是通过对前者进行各种计算后得出的临时虚拟字段。

计算字段的创建方法为：在"数据"窗格的空白处单击右键，在弹出的快捷菜单中选择"创建"→"计算字段"命令，如图 6-63 所示，在弹出的对话框中输入计算字段的名称和计算公式，如图 6-64 所示。计算字段的公式需要函数和表达式，而 Tableau 的新建计算字段对话框中给出了可用函数或表达式及其说明。

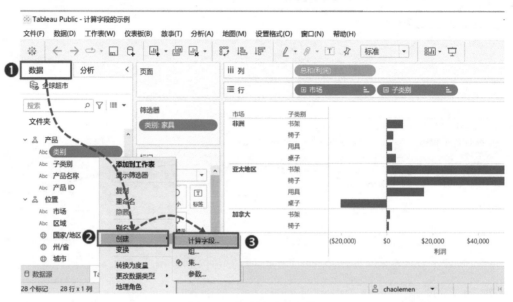

图 6-63　计算字段的创建

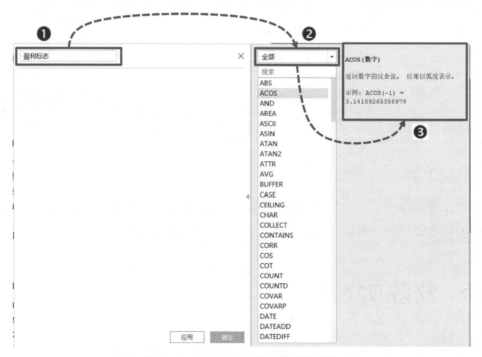

图 6-64　Tableau 函数和表达式的提示

例如，图 6-65 中基于常规字段"利润"创建了新字段"盈利标志"，其表达式为：

```
IF SUM([利润]) > 0
THEN "positive"
ELSE "negative"
END
```

在计算字段的创建时，初学者需要注意两点：

一是字段名称的表示方法：为了与函数名和关键字区分，字段名称需要用中括弧括起来。图 6-66 的计算字段表达式用"[ ]"括起来的"[利润]"是常规字段的名称。

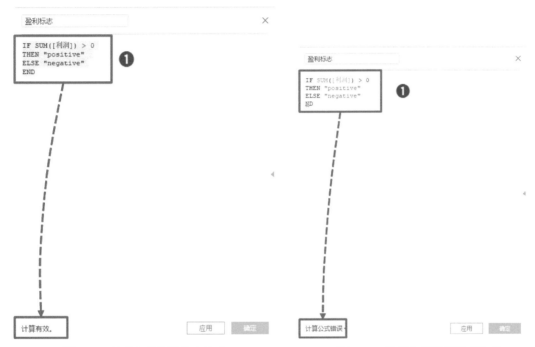

图 6-65　计算字段的计算表达式　　　　　图 6-66　计算字段的错误表达式

二是表达式语法是否为正确。当表达式语法有误时，定义计算字段的窗口将提示"计算公式错误"。

计算字段的调用方法与常规字段一致。例如，在图 6-67 中，将计算字段"盈利表示"从"数据"窗格拖至标记卡，并将其设为颜色属性。

为了与常规字段区分，在"数据"窗格中，计算字段的名称前带有"="，见图 6-67。

根据计算所实际发生的位置，Tableau 的计算分为两种：常规计算和表计算。

① 常规计算（如"销售额-利润"）是作为 Tableau 向数据源发出的查询的一部分传递的，执行该计算所需的运算工作由数据源本身处理，返回 Tableau 的只有结果集。

② 表（格）计算是基于返回的结果集执行的二次计算，在 Tableau 中完成。通常，表计算由胶囊上的三角符号表示。为此，Tableau 提供了"快速表计算"功能。

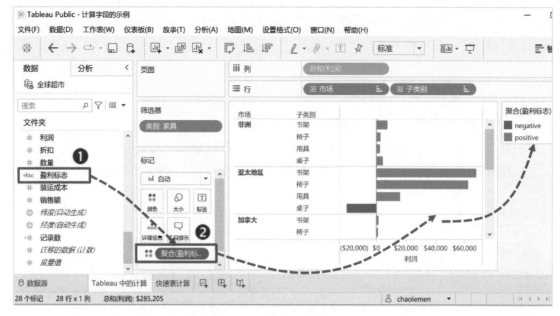

图 6-67　计算字段的使用方法

2. 筛选器及应用

筛选器是对工作表的数据进行筛选或条件过滤操作，相当于 SQL 的 WHERE 子句和 HAVING 子句。Tableau 支持用户就数据源、参数、维度和度量等不同对象创建筛选器。

筛选器的使用步骤如下。

首先，创建筛选器。从"数据"窗格中将所需字段拖至"筛选器"卡，并在弹出的对话框中设置筛选器的筛选条件，如图 6-68 所示。

图 6-68　创建筛选器

其次，修改筛选器。根据实际需要，在筛选器的编辑对话框中设置筛选器的具体筛选条件，如图 6-69 所示。

图 6-69　修改筛选器

最后，调用筛选器。筛选器可以应用于具体场景，如将筛选器的"类别"从"筛选器"卡拖至"标记"卡，并将其设置为颜色标签，如图 6-70 所示。

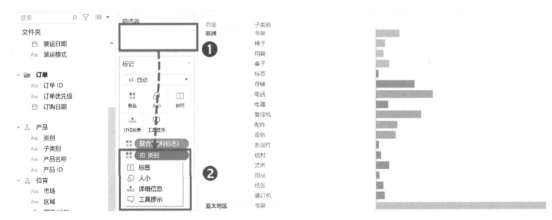

图 6-70　调用筛选器

3. 其他分析技术

除了上述分析技术，Tableau 还提供了一些高级分析能力，限于篇幅，不进行详述。（建议感兴趣的读者参考 Tableau 的相关官方文档。）

● 算法与模型：已支持一定的算法和模型，如回归分析、聚类分析和时间序列分析等算法和模型。

● 地图和地理数据分析：较好地支持基于地图和地理位置的数据分析，支持 MapBox 地图、WMS 地图和 Tableau 的地图文件（后缀为 .tms）。

- Einstein Discovery：一种分析工具，利用机器学习模型和综合统计分析，借助人工智能的力量来增强数据分析。Einstein Discovery 可迅速筛选数百万行数据，以找到重要的相关性，预测结果，并推荐改进这些预测结果的方法。
- 分析扩展程序：支持 Python、MATLAB 和 RServe 的编程 API 接口。
- 数据问答（Ask Data）：用通用语言输入问题，可以立即在 Tableau 中获得答复。在 Tableau 中，数据问题的答案以自动数据可视化项的形式体现，不再需要手动拖放字段或了解数据结构的细微差别。

6.6.6　在线发布

在线发布是指将用户自己的工作簿或数据来源发布至 Tableau Public、Tableau Server 或 Tableau Online。当需要发布至 Tableau Server 或 Tableau Online 时，用户需要用 Tableau Server 或 Tableau Online 的账户登录。

1. 发布工作簿

Tableau 支持用户将自己的工作簿（包括工作表视图、仪表板和故事）发布到 Tableau Server 或 Tableau Online，以与团队的其他成员共享和协作，如图 6-71 所示。

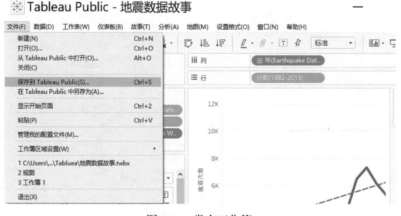

图 6-71　发布工作簿

值得一提的是，在发布前可以通过 Tableau 提供的预览功能，在本地 Web 浏览器或移动应用终端进行预览，详见 6.6.2～6.6.4 节的内容。

2. 发布数据源

选择"服务器"→"发布数据源"，可以将自己的数据源发布到 Tableau Server 或 Tableau Online，如图 6-72 所示。

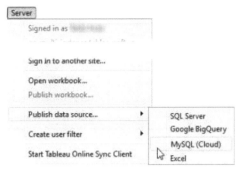

图 6-72　发布数据源的

6.7　Tableau 的故事化功能

目前，Tableau 可以支持的数据故事的类型有趋势、下钻、放大、对比、交叉、因子、异常等，如表 6-9 所示。

表 6-9　基于 Tableau 的数据故事的类型

数据故事的类型	描　　述
趋势（Change Over Time）	特征：以时间为主要线索，叙述某事物的发展趋势 切入点：为什么会发生这种情况，或者为什么会继续发生？我们可以做些什么来防止或使这种情况发生？ 举例：Andy Kriebel 设计的数据故事 "Arsenal's Injury Crisis"（阿森纳的伤病危机）
下钻（Drill Down）	特征：从背景信息入手，不断聚焦和缩小讨论范围，以便受众更好地理解某一具体事物及事件 切入点：为什么这个人、地方或事物很特别？这个人、地方或事物的表现如何？ 举例：Mac Bryla 设计的数据故事 "Tell me about Will"（跟我说说威尔）
放大（Zoom Out）	特征：将受众关注的事件与其背景事件关联起来，为受众讲述受众关心的事件与其背景事件之间的联系 切入点：与其他更大事件相比，受众关心的事件是如何的？受众关心的事件如何影响其他更大的事件？ 举例：Dan Piecuch 设计的数据故事 "Vancouver Cyclists"（温哥华自行车手）
对比（Contrast）	特征：主要用于比较两个或多个事件的不同之处 切入点：为什么这些事件不同？我们怎样才能让事件 A 的表现与事件 B 一样？应该关注哪方面？哪方面做得很好？ 举例：Robert Rouse 设计的数据故事 "The Pyramids of Egypt"（埃及金字塔）
交叉（Intersections）	特征：主要讲述的是当一个类别超过另一个类别时，表现出的突变或重要变化 切入点：是什么导致了这些转变？这些转变是好是坏？这些转变如何影响我们计划的其他方面？ 举例：Robert Rouse 设计的数据故事 "US vs THEM"（美国与他们）
因子（Factors）	特征：通过将主题划分为类型或类别来解释主题 切入点：是否有应该更多关注的特定类别？哪些因子对受众关心的指标有多大影响？ 举例：Steph Loves Data 设计的数据故事 "Planet Earth"（地球）

数据故事的类型	描 述
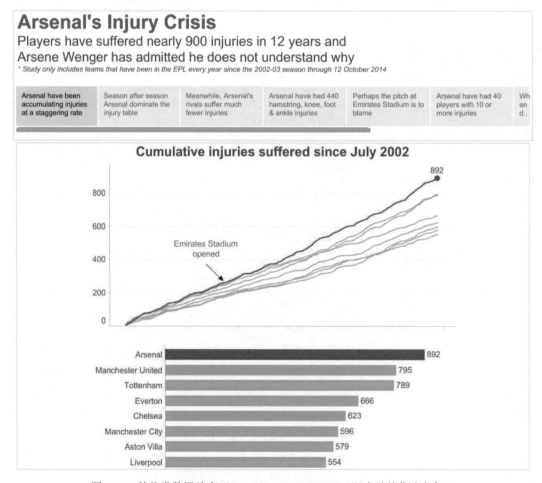异常值（Outliers）	特征：侧重于叙述异常值或极端情况 切入点：为什么这个项目不同？ 举例：Steph Loves Data 设计的数据故事"S.O.S. X-Mas Campaign 2015"（求救 2015 年圣诞活动）

1. 趋势（Change Over Time）类数据故事

趋势类故事以时间为主要线索，叙述某事物的发展趋势。趋势类数据故事主要切入点包括：为什么会发生这种情况，或者为什么会继续发生？我们可以做些什么来防止或使这种情况发生？

Andy Kriebel 设计的数据故事"Arsenal's Injury Crisis"（阿森纳的伤病危机）属于趋势类数据故事。该故事以自 2002 至 2014 年之间每年进入英超联赛（EPL）的球队为分析对象，按时间为线索叙述了一则关于伤病危机的数据故事，如图 6-73 所示。

图 6-73 趋势类数据故事"Arsenal's Injury Crisis"（阿森纳的伤病危机）
（图片来源：Tableau 官网）

2. 下钻（Drill Down）类数据故事

下钻类故事从背景信息入手，不断聚焦和缩小讨论范围，以便受众更好地理解某一具体事物及事件。下钻类数据故事化主要切入点为：为什么这个人、地方或事物很特别？这个人、地方或事物的表现如何？比较典型的下钻类数据故事是 Mac Bryla 设计的数据故事"Tell me about Will"（跟我说说威尔），通过对 Will 的智能电话的使用记录进行不断下钻，为用户讲述了 Will 的生活地点、工作城市、出国旅行、常去目的地和常用联系人等信息，如图 6-74 所示。

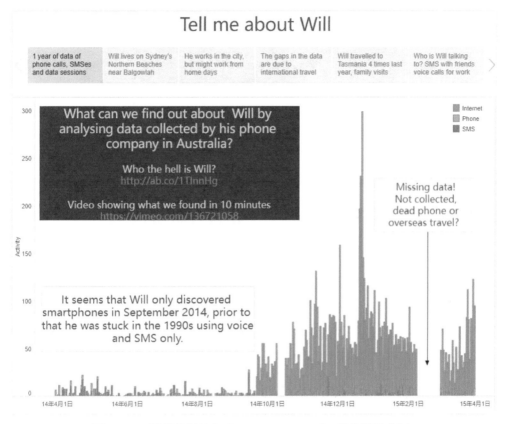

图 6-74　下钻类数据故事"Tell me about Will"（跟我说说威尔）
（图片来源：Tableau 官网）

3. 放大（Zoom Out）类数据故事

放大类是故事将受众关注的事件与其背景事件关联起来，为受众讲述受众关心的事件与其背景事件之间的联系。此类故事的主要切入点为：与其他更大事件相比，受众关心的事件是如何的？受众关心的事件如何影响其他更大的事件？

Dan Piecuch 设计的数据故事"Vancouver Cyclists"（温哥华自行车手）是比较有代表性的放大类数据故事，以温哥华自行车手的切入点，采用不断放大方法，将自行车的骑行习惯放大至安全装备、交通规则、交通指示牌、交通堵塞等更多要素，形成了一则数据故事，如图 6-75 所示。

图 6-75　放大类数据故事 "Vancouver Cyclists"（温哥华自行车手）
（图片来源：Tableau 官网）

4. 对比（Contrast）类数据故事

对比类故事主要用于比较两个或多个事件的不同之处。对比类故事主要切入点为：为什么这些事件不同？如何才能让事件 A 的表现与事件 B 一样？应该关注哪方面？哪方面做得很好？

Robert Rouse 设计的数据故事 "The Pyramids of Egypt"（埃及金字塔）是一则典型的对比类数据故事，通过埃及金字塔与 Wikipedia、受众自己的房子（受众可以在数据故事中输入自己房子的面积）和卢克索古城进行对比分析，并探讨了埃及金字塔的建设对 Wikipedia 的建设的启示，如图 6-76 所示。

5. 交叉（Intersection）类数据故事

交叉类故事主要讲述的是当一个类别超过另一个类别时，表现出的突变或重要变化。交叉类故事主要切入点为：是什么导致了这些转变？这些转变是好是坏？这些转变如何影响我们计划的其他方面？

比较有代表性的交叉类数据故事为 Robert Rouse 设计的 "US vs THEM"（美国与他们），基于 1994 年至 2015 年间皮尤研究中心（Pew Research Center）的调查数据，讲述了克林顿、小布什和奥巴马三位美国总统领导下的美国健康医疗、社会安全、移民、强制所有权等方面的变革，如图 6-77 所示。

6. 因子（Factors）类数据故事

因子类数据故事通过将主题划分为类型或类别来解释主题。因子类数据故事主要切入点为：是否有应该更多关注的特定类别？哪些因子对受众关心的指标有多大影响？

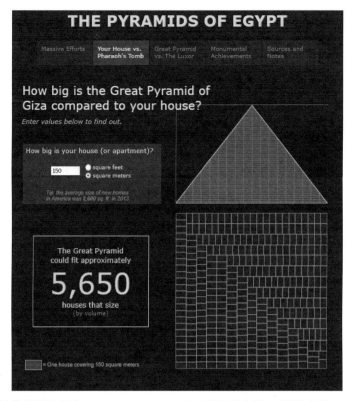

图 6-76　对比类数据故事"The Pyramids of Egypt"（埃及金字塔）（图片来源：Tableau 官网）

图 6-77　交叉类数据故事"US vs THEM"（美国与他们）（图片来源：Tableau 官网）

比较代表型的因子类数据故事为 Steph Loves Data 设计的数据故事"Planet Earth"（地球），分析了地球上物种数量正在减少的影响因子，如图 6-78 所示。

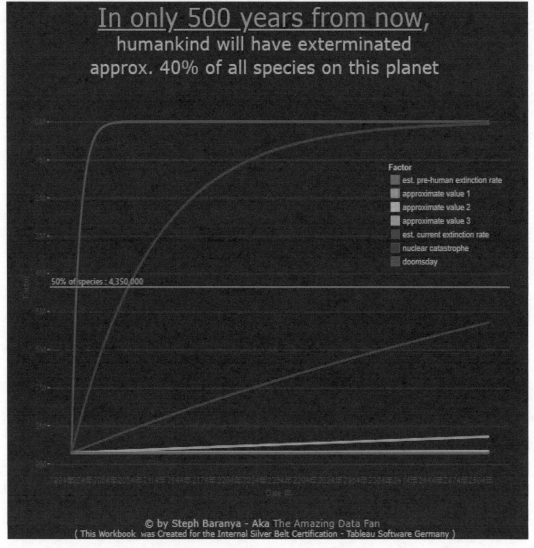

图 6-78　因子类数据故事"Planet Earth"（地球）（图片来源：Tableau 官网）

7．异常值（Outliers）类数据故事

异常值类数据故事侧重于叙述异常值或极端情况。异常类数据故事的切入点为：为什么这个项目不同？

Steph Loves Data 设计的数据故事"S.O.S. X-Mas Campaign 2015"（求救 2015 年圣诞活动）是较为典型的异常值类数据故事。此外，"大地震是否发生得越来越频繁？"故事化案例中对异常值——特大地震数据进行了可视化和展开叙述，如图 6-79 所示。

图 6-79　异常值类数据故事"大地震是否发生得越来越频繁？"

小　结

从事数据故事化科学研究，我们不仅需要有扎实的理论功底，还必须具备丰富的实战经验。本章主要讲解了一种支持数据故事化功能的工具——Tableau。

首先,在介绍 Tableau Server、Tableau Online、Tableau Public、Tableau Desktop 、Tableau Public、Tableau Prep Builder、Tableau Reader、Tableau Mobile 的区别与联系的基础上，讲解了 Tableau Public 的安装和使用方法。

其次，讲解了数据来源（Data Source）、工作簿（Workbooks）、窗格（Pane）、功能架（Shelf）、视图（View）、仪表板（Dashboard）、故事（Story）、参数（Parameters）、维度（Dimension）、度量（Measure）、连续字段（Continuous Fields）、离散字段（Discrete Fields）等 Tableau 专门术语的含义、类型及相关操作方法。

接着，解读了 Tableau 的两个核心技术——斯坦福大学研究团队提出的 VizQL 技术和慕尼黑工业大学（Technische Universität München，TUM）研究团队提出的 HyPer 技术。

最后，介绍了目前 Tableau 中支持的故事化的类型及其典型案例：趋势、下钻、放大、对比、交叉、因子和异常类故事。

思 考 题

1．简述 Tableau 窗格（Pane）及其类型。

2．简述 Tableau 功能架（Shelf）及其类型。

3．简述 Tableau 仪表板（Dashboard）及其类型。

4．简述 Tableau 故事（Story）及其类型。

5．分析 Tableau 中维度（Dimension）与度量（Measure）的区别和联系。

6．简述 Tableau 的关键技术 VizQL。

7．简述 Tableau 的关键技术 Hyper。

8．简述 Tableau Desktop、Tableau Server、Tableau Online、Tableau Public 和 Tableau Prep Builder 的区别与联系。

9．调查分析 Tableau 提供的数据故事化功能的类型、存在问题及对策建议。

第 7 章
数据故事化实战

DS

"讲好中国故事"需要掌握数据故事化的理论、方法和技术。

——朝乐门

数据故事化的动手实践是数据故事化领域初学者不可忽视的关键问题，然而目前难以找到符合数据故事化理论的较为完整的实践案例。本章以近几年的热门话题——"地震真的越来越频繁了吗"为故事主题，以 1982 年至 2013 年间的全球地震数据的分析为基础，结合 Tableau 数据故事化流程，提供了基于 Tableau 的地震数据故事化典型案例，并讲解了每个步骤及其具体操作方法，包括：数据故事化流程，数据故事的需求分析，数据故事的设计，数据故事的生成，数据故事的发布，数据故事的评价与改进。

7.1 Tableau 数据故事化的流程

基于 Tableau 的数据故事化可以分为需求分析、设计数据故事、连接数据源、数据准备、生成工作表及视图、生成仪表板、生成数故事、发布数据化故事 8 个基本步骤，如图 7-1 所示。

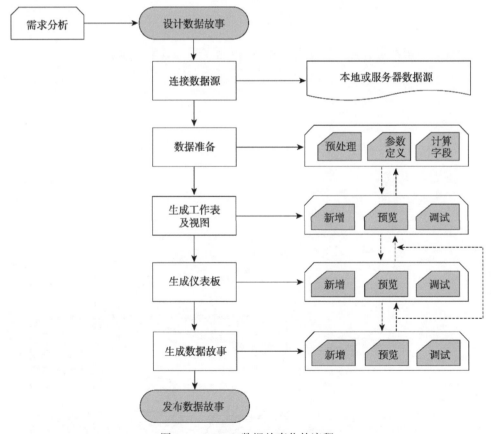

图 7-1　Tableau 数据故事化的流程

1. 需求分析

需求分析是基于 Tableau 的数据故事化的第一步。通常，数据故事化是面向特定业务需求的，应结合具体业务需求进行数据故事化设计。数据故事化的需求分析包括如下。

① 故事化的业务目的（或业务动机）：可以分为描述性分析、诊断性分析、预测性分析和规范性分析。而针对不同业务目的，所采用的故事化策略、手段和最终成果形式都不同。

② 故事化的叙述场景：基于 Tableau 的数据故事化的重要影响因素之一，需要考虑数据故事的应用场合(如大屏幕还是移动终端)、与受众交互方式(是否支持与用户交互)。

③ 受众的类型及特点：特别强调受众的类型和特点，包括受众群体的业务领域、兴趣爱好和业务需求。例如，面向外部来访的参观者和内部业务工作人员设计的数据故事化应有所不同，针对上层领导和基层操作人员的数据故事化应采取不同的设计方案。

2. 设计数据故事

数据故事的设计是基于 Tableau 的数据故事化工作的关键所在。在 Tableau 中，数据故事的设计包括以下几项工作。

① 故事类型的选择及设计：目前，Tableau 支持的故事类型有 7 种，如趋势类故事、下钻类故事、放大类故事、对比类故事、交叉类故事、因子类故事和异常值类故事。

② 故事点的设计：Tableau 的故事由故事点组成，而每个故事点叙述一个事件。故事点通常由 Tableau 工作表、视图和仪表板表示，故事点的设计包括故事点的布局、内容、标记属性和交互方式的设计。

③ 故事点的叙述方式的设计：主要包括叙述一个故事点时需要突出的内容、补充和修饰的细节信息，以及叙述不同故事点时的叙述顺序。

④ 与受众交互的设计：基于 Tableau 的数据故事化具有较好的用户交互能力，包括受众对故事叙述方式的交互式选择、数据化故事的筛选器设计、与受众的对话式交互等。

3. 连接数据源

在地震数据故事中，数据源可以存放在本地，也可以直接调用服务器的数据源。因此，Tableau 中的数据导入功能称为"连接数据源"。

Tableau 的"连接数据源"功能支持不同格式的数据源，不仅包括 Excel、JSON、文本、PDF、空间和地理文件等常用文件格式，还支持 Access、SQL Server、Oracle 和 DB2 等传统关系数据库，以及 MongoDB、HBase 等新兴 NoSQL 数据库。

4. 数据准备

数据准备往往是基于 Tableau 的数据故事化中花费时间最长的步骤之一，其内容包括：数据预处理（包括缺失值处理、异常值处理、分箱处理、度量和维度之间的转换、数据规整化处理等）、参数定义和计算字段的生成。用户可以借助以下平台进行：

- Tableau 故事化平台及 Tableau 专用数据准备工具——Tableau Prep Builder。
- 第三方数据预处理工具，包括 Python 与 R 语言及其第三方扩展包、关系数据库及数据仓库中常用的数据预处理工具，如 Weka、Rapid Miner、Knime 和 Orange。

5. 生成工作表及视图

工作表是 Tableau 故事化中定义的临时关系表，用户可以通过将字段从"数据"窗格拖至"行"功能架和"列"功能架的方式来定义。

视图是基于 Tableau 工作表生成的图表。Tableau 为视图提供了"智能推荐"功能，可以改变视图的表现形式，如柱状图改为折线图等。

6. 生成仪表板

Tableau 的仪表板实现了类似目前官方应用于企业宣传和成果展示的"看板"功能。通过 Tableau 的仪表板，用户可以将多个视图放在同一个页面上，达到同时显示多个视图的目的。仪表板的生成涉及三个基本工作，即新增、预览和调试。

仪表板的设计并不是工作表和视图的简单合并。仪表板的设计需要对工作表及视图进行修饰、补充必要的新内容要素。仪表板不仅可以包括工作表视图，还可以包括另一个或多个仪表板。

7. 生成数据故事

Tableau 的数据故事由故事点组成，而每个故事点是基于 Tableau 工作表视图和仪表板生成的。故事生成通常涉及故事的生成、预览和调试等活动，而 Tableau 较好地支持了上述三类活动。

地震数据故事的故事点的设计不仅包括相应工作表视图和仪表板的选择，还需要指定故事点的标题、故事点的说明、故事点的布局、故事点的文字解读等要素。

8. 发布数据故事

Tableau 支持数据故事的在线发布功能，用户可以将自己在 Tableau 平台中研发的数据故事发布到 Tableau 的服务器，以便进行团队合作、成果展示和作品展示。

7.2 地震数据故事的需求分析

7.2.1 业务背景

近年来，海地、印度尼西亚、智利、美国加利福尼亚州和我国汶川等地相继发生了大地震，可能给人一种地震活动正在增加的印象。事实上，过去 20 年的地震统计数据表明，平均每年大约有 15 次 7 级或更大的地震，所以情况属于正常。与任何准随机现象一样，每年地震的数量与这个平均值略有不同，但总的来说，没有显著的变化。

近年来，关于地震的报道越来越多，给很多人造成"地震变得越来越频繁"的感觉，而造成这种感觉的可能原因有多种：

① 人类对地震的检测能力和地震数据传播能力得到大幅提高。信息技术日益发达，对地震的检测和传播能力有所提升，可以更全面地捕捉到已发生的地震活动并做出大范围的报道。

② 地震发生可能真的越来越多。地壳运动活跃、自然灾害增多、地球环境变差等自然原因使得地震发生得越来越频繁。

那么，地震发生真的越来越频繁了吗？如何回答这个问题呢？本章采用数据故事化的方法回答这一问题。其实，造成地震发生越来越频繁的争议的一个重要原因是我们对历史上的地震数据的检测和记录太少，不足以支持我们对地震数据的纵向比较分析，尤其是较小的地震、地震频繁发生地区的地震和偏远地区的地震。但是，在众多地震中，大地震往往破坏力较强，会给人类社会带来巨大的人员伤亡和财产损失。因此，人类对大地震的记录是相对全面的，可以与历史数据进行比较分析。

因此，地震数据故事的业务分析问题限定为"大地震的发生频次是否有显著增加"，故事内容包括利用故事化的方式使用户理解大地震的产生趋势，涉及的具体业务有全球地震频次的统计、大地震频次的统计、大地震趋势分析、数据的可视化呈现和故事化叙述等。

7.2.2　数据分析

数据故事化的重点在于对数据分析结果的呈现，数据分析通常被划分为描述性分析、诊断性分析、预测性分析、规范性分析。

① 描述性分析主要回答"是什么"的问题，主要关注的是"已发生了什么"。通常，描述性分析是数据理解的第一步，主要采用描述性统计分析方法。描述性分析是诊断性分析的基础。

② 诊断性分析主要回答的是"为什么"的问题，主要关注的是"为什么发生"。诊断性分析是对描述性分析的进一步理解，通常采用关联分析和因果分析法。描述性分析和诊断性分析是预测性分析的基础。

③ 预测性分析主要回答的是"将要发生什么"，通常采用分类分析方法和趋势分析方法。预测性分析是规范性分析的基础。

④ 规范性分析主要关注的是"模拟与优化"的问题，即"如何从即将发生的事情中

受惠"和"如何优化将要发生的事情",通常采用运筹学、模拟与仿真技术进行规范性分析。规范性分析是数据分析的最后步骤。数据科学家需要按照受众的需求进行有效的数据分析,并从分析结果中获取有价值的数据洞察,数据分析环节是生成数据化故事的基石。

地震数据故事旨在回答"大地震是不是发生得越来越频繁"的问题,分析过程是通过对收集到的历史数据进行统计,以获得反映客观现象的结果,属于描述性分析的范畴。在 Tableau 的工作表中展开分析,发现虽然地震的总体数量呈上升趋势,但大地震的数量上升趋势不明显。

7.2.3　数据故事化的目的

通过数据挖掘和数据分析等技术可以把数据价值挖掘出来,并把数据变成有价值的资源。但如果数据价值无法被受众有效吸收和利用,那么之前对数据所做的一切加工活动都失去了意义。而数据故事是数据价值的有效载体,其目的包括解释、说服、信任、洞察,地震数据故事的目的如下。

1. 向受众解释数据分析的结果

数据故事化是对数据分析结果的呈现途径,对于一个具体的数据分析项目而言,数据分析人员应精通编程、建模和数据清洗等数据处理能力,其受众通常是不懂具体算法与技术的非专业人士,因此清晰、有效地向受众传达分析结果是数据分析人员或数据科学家需要掌握的一项技能。如果分析人员直接向受众解释复杂的数据点和趋势,受众由于缺乏相关的知识背景往往难以理解分析人员的意图。

根据 Mayer 和 Anderson 的研究,受众的视觉和听觉感官的刺激使他们对研究对象的理解提高了 74%。图表和故事可以显示数字无法清晰描绘的要素和数据之间的关系,使受众深入理解数据传达的含义,从而能够更容易理解数据分析的结果。

地震数据故事围绕"大地震是不是发生得越来越频繁"这个问题展开,目的是向受众解释大地震并没有越来越频繁地发生。

2. 说服受众接受数据分析的结果

将数据整合进一个生动有趣、容易理解的故事中,可以让受众在体验式情境中感受到数据传达的含义,同时带动受众的情感反应。在本数据故事中,人们对地震信息感知地越来越频繁,并且大地震往往带来重大的经济损失、物品损坏和人员伤亡,事关每位受众,能够使受众对大地震的危害有较为强烈的情绪共鸣,分析得出虽然地震的总体数量呈上升趋势,但大地震的数量上升趋势不明显,可使受众情绪缓和。该数据故事希望在这种复杂的情绪体验中说服受众,使受众接纳数据分析的结果。

3. 使受众信任数据分析的结果

数据科学的目标是提供可靠的基于数据的信息，这些信息将呈现数据科学家的见解，但如果没有适当的信息沟通，数据科学家就无法向受众提供数据价值。在不懂具体的分析算法和技术的情况下，受众很容易质疑分析结果。

例如，在对诊断结果要求极高的医学领域，数据分析人员往往在使用已有数据训练出一个可以协助医生诊断的算法模型时，如果不能让医生理解各特征与算法结果的关系，算法模型就失去了可信度，医生便不会采用这个模型。

地震数据故事整合了地震数据的背景、特征、关键点、洞察，能够向受众解释数据分析结果的来龙去脉，从而使受众信任数据分析的结果。

4. 使受众获取有价值的数据洞察

遵循"认识问题－解决问题"的中心思想，数据故事化就是在最合适的时间以适当的形式呈现正确的信息，是数据分析项目或者数据科学项目的最后阶段。数据分析人员的关键动机是让受众从数据中获取有价值的洞察。

一个好的数据故事可以以容易理解的方式让受众通过数据了解到正在发生的事情及其背后的成因或趋势，对业务过程形成清晰、明确的认识，从而鼓励受众提出进一步的讨论，协助决策者做出数据驱动的决策。

地震数据故事显示：发现大地震的发生次数虽然增加，但上升趋势不明显；亚太区域的大地震发生次数高于中东和非洲地区、北美洲和南美洲的发生次数，而这一现象则可能激发受众进行更深入的数据分析和故事化呈现。

7.3 地震数据故事的设计

7.3.1 数据故事的类型

数据故事化被视为数据科学项目的一个环节，是在数据分析后的操作，因此根据数据分析的性质分为描述性分析、诊断性分析、预测性分析和规范性分析，数据故事也可按照此方式扩展为 4 种。

① 描述性数据故事是通过对收集到的数据进行分析，获得反映客观现象的各种定量特征，从而生成数据故事，以展示数据离散度分析、浓度分析、频率分析等的结果。

② 诊断性数据故事是向受众解释问题产生的原因和变量之间的关联。

③ 预测性数据故事是向受众预测未来会发生什么或者有多大的概率会发生的事情。

④ 规范性数据故事是对受众针对性地设计数据化故事，帮助受众采取实践措施。

地震数据故事旨在从回答"大地震是不是发生得越来越频繁"这个问题出发，引导受众逐步发现目前的地震发生次数增加，但大地震并没有明显变多，进而理解数据、认知数据并获取数据洞察。这个过程侧重对数据的描述，因此地震数据故事定位于描述性数据故事。

7.3.2 数据故事的要素

数据故事通常包括六要素（如图 7-2 所示）：需求、人物、情境（主要矛盾与次要矛盾）、情节、冲突和解决方案。在地震数据故事中，六要素的具体内涵如表 7-1 所示。

图 7-2 数据故事的要素

表 7-1 地震数据故事的要素

要　素	主要内容
需求	描述
人物	地震和大地震
情境	地震发生的频繁程度、大地震的破坏力
情节	大地震的发生频率变化
冲突	发现发生过的最严重的超级大地震
解决方案	按区域分析大地震的发生趋势

1. 需求

需求是指明确数据故事化的动因、目标和需要解决的问题。数据故事化是一种业务导向的分析建模活动，满足业务需求是数据故事化的最终目的。从业务需求看，数据故事化的需求可以分为 8 类：描述、推荐、解释、调查、探索、说服、教育和娱乐。地震数据故事的需求主要在于向受众描述大地震的情况。

2. 人物

人物是指数据故事涉及的人和物。数据故事中的人物并不是仅限于主人公，也不限定为人类。数据故事中的人物可以分为正面人物和反面人物、主角和配角，发挥各自的重要作用。这里的人物要素的主角是地震和大地震，故事讲述了 1982 年至 2013 年间地震和大地震的发生情况。

3. 情境

情境是指故事发生的业务情境、周边环境和就绪状态。数据故事的情境既可以是真实情境，也可以是目标受众熟悉的或者与目标受众相关的映射情境，还可以是创作者自己想象和设计出来的虚构情境。

地震数据故事的情境是真实的地震情境，旨在描述地震相关的发生状态和后果。

4. 情节

情节是故事的发展和演化过程。数据故事的情节要有一定的曲折性，充满主要冲突和矛盾，故事情节的热度变化一般分为升温期、高潮期、降温期和恒温期四个阶段。

地震数据故事的发展和演化过程围绕大地震的发生频率变化展开，大地震的发生推进了情节进展。

5. 冲突

数据故事的人物会面临冲突和矛盾。冲突和矛盾是数据故事的核心，数据故事的人物选择和情节设计均围绕冲突或矛盾进行。同一个数据故事可以包含多种冲突和（或）矛盾。地震数据故事的冲突点在于历史上曾经发生过 9.0 级及以上的超级大地震，给人类带来了巨大的危害，是整个数据故事中最扣人心弦的部分。

6. 解决方案

数据故事包括对冲突和矛盾的最终解决方案。与一般解决方案不同的是，数据故事的解决方案需要设有一定的"留白"，激发目标受众的认知活动，进而将目标受众的认知改变为行动，达到数据故事化的最终目的——满足业务需求。经过数据分析可使受众获取关于地震发生趋势的数据洞察，并且给受众留下了进一步探索的空间。

7.3.3　数据故事的模型

数据故事的模型是用来组织数据化故事情节的一个框架 SPSN，即情境－问题－解决方案－下一步行动。

- S（Situation，情境）：表示向受众描述当前的情境，如受众想改变的现状是什么。
- P（Problem，问题）：描述受众遇到的问题，如受众当前的情境有什么问题，想要解决的问题是什么。
- S（Solution，解决方案）：向受众提出解决方案，如受众可以怎样解决这个问题，怎样克服冲突。
- N（Next Steps，下一步行动）：说服受众并提出下一步行动建议，如受众下一步需要做什么，需要采取哪些行动。

地震数据故事的 SPSN 框架如表 7-2 所示。

表 7-2　地震数据故事的 SPSN 框架

框　架	主要内容
情境	地震发生得越来越频繁 大地震给人类社会带来巨大的人员伤亡和财产损失 但我们不知道大地震是不是也发生得越来越频繁
问题	地震发生得越来越频繁的情况下，大地震似乎也发生得越来越频繁 但仅仅通过向受众展示数字来说明地震频率的话，受众可能很快忘记
解决方案	地震次数有了显著增加 但是大地震的增加趋势不明显
下一步行动	收集数据，进一步明确大地震缓慢增加的趋势是真实的还是受近些年几次大地震的影响拉高了这种趋势 分析大地震增加趋势缓慢的原因 制作下一个数据故事，回答"大地震是否确实发生得频繁了"的问题

7.3.4　数据故事的叙述

故事的叙述应该兼顾简单（Simple）、出人意料（Unexpected）、具体（Concrete）、可信（Credible）、情感（Emotional）和故事（Stories）的原则，以容易理解的方式向受众进行讲述。

基于 Tableau Public 的地震数据故事以计算机为载体，允许受众与故事页面进行交互操作，自主导航到感兴趣的信息，具有更大的自主性和探索性，因此地震数据故事采用可视交互模型进行叙述。

结合 Freytag 的金字塔结构，故事必须包括引言、上升期、高潮、下降期和结局五部分，地震数据故事的情节也应该按照此结构发展，可以基本界定故事的叙述框架，具体内容如下。

1.　引言

引言部分介绍地球上每年都有大量的地震被发现和记录，其中包含了很多大地震，在地图上可视化已发生过地震的方式呈现出地震数据的散点图，并按照颜色和大小区分出地震的强度。此外，由于记录的震级范围为 4.0 级到 9.1 级，范围较窄，映射到大小属性上难以区分，因此将大小属性用震级的十次方来表示，震级越高，在地图上显示的数据点越大。受众可以通过调整日期、震级和区域筛选器自行探索数据点。

2.　上升期

已有的记录中有大量的大地震，它们会带来巨大的灾难，因此很多人可能会好奇一个问题：大地震是不是发生得更频繁了？这个问题推动了故事情节的展开，最终需要在故事的结尾得到回答。本数据故事依然采用地图可视化的方式，允许受众调整震级的范围查看大地震的出现情况。

3. 高潮

地震数据故事在地图上说明 2004 年和 2011 年分别在印度洋和日本发生了 9.0 级和 9.1 级的超级大地震，地震引发了海啸，造成了众多人员伤亡。折线图可以说明每年地震的发生次数呈增长趋势且增长速度有加快的迹象，亚太区域的增长趋势尤为明显。在这一阶段，受众对地震的恐慌情绪得到加强，故事发展到了最扣人心弦的阶段并开始发生转折，受众依然可以自行探索数据点分布和趋势线走向。

4. 下降期

但利用震级筛选器将数据范围调整为大地震后，趋势线会发生变化，倾斜度变得平缓。在下降期，可以告诉受众虽然大地震的发生次数增加，但上升趋势不明显。受众可以调整筛选器，以查看不同震级的地震发生趋势。

5. 结局

总结故事，回答在"上升期"提出的问题，利用数据解决受众的问题，使受众从数据中获取洞察并激发更深层次的问题，以进行下一步探索。

7.4 地震数据故事的生成

7.4.1 连接数据源

首先，选择菜单"文件"→"新建"命令，创建 Tableau 工作簿。

其次，选择菜单"数据"→"新建数据源"命令，将工作簿连接至本地数据源 "1982-2013.xlsx"（在本书配套资源中），如图 7-3 所示。

1982-2013.xlsx 包括一个 Excel 工作表，名为"Earthquake Data"，记录的是 1982 年到 2013 年间全球发生的地震数据，具体包括日期（Earthquake Date Time）、地震发生的唯一标识码（Id）、地点（Place）、区域（Region of the World）、纬度（Latitude）、经度（Longitude）、震级（Magnitude）、震级的十次方表示（Magnitude^10），如图 7-4 所示。

最后，当用户的连接数据源操作为成功时，显示如图 7-5 所示的界面。可以看出，该数据源包括 8 个字段和 289931 个行。

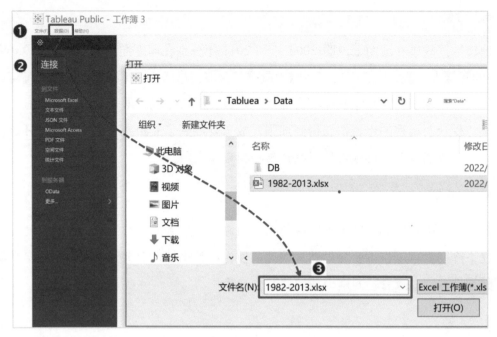

图 7-3　连接数据源"1982-2013.xlsx"

	A	B	C	D	E	F	G	H	I
1	rthquake Date Tin	Id	Place	egion of the Worl	Latitude	Magnitude	Longitude	Magnitude^10	
2	2004/12/26	20041226005853	st coast of norther	APAC	3.295	9.1	95.982	3894161181	
3	2011/3/11	011031105462412	ast coast of Hons	APAC	38.297	9	142.373	3486784401	
4	2010/2/27	010022706341153	shore Bio-Bio, Chr	rth & South Amer	-36.122	8.8	-72.898	2785009760	
5	2005/3/28	ennial2005032816	iern Sumatra, Indo	APAC	2.05	8.6	97.06	2213015789	
6	2012/4/11	012041108383672	st coast of norther	APAC	2.327	8.6	93.063	2213015789	
7	2007/9/12	ennial2007091211	iern Sumatra, Indo	APAC	-4.44	8.5	101.37	1968744043	
8	2001/6/23	ennial2001062320	he coast of southe	rth & South Amer	-16.38	8.4	-73.5	1749012288	
9	2006/11/15	ennial2006111511	Kuril Islands	APAC	46.58	8.3	153.27	1551604119	
10	2013/5/24	usb000h4jh	Sea of Okhotsk	APAC	54.874	8.3	153.281	1551604119	
11	2003/9/25	ennial2003092519	kkaido, Japan regi	APAC	41.86	8.3	143.87	1551604119	
12	1994/10/4	ennial1994100413	Kuril Islands	APAC	43.832	8.3	147.332	1551604119	
13	1996/2/17	ennial1996021705	ak region, Indones	APAC	-0.919	8.2	136.975	1374480313	
14	1994/6/9	ennial1994060900	La Paz, Bolivia	rth & South Amer	-13.877	8.2	-67.532	1374480313	
15	2012/4/11	012041110431085	st coast of norther	APAC	0.802	8.2	92.463	1374480313	
16	1989/5/23	ennial1989052310	cquarie Island reg	APAC	-52.507	8.1	160.596	1215766546	
17	1998/3/25	ennial1998032503	alleny Islands regic	APAC	-62.901	8.1	149.607	1215766546	
18	2007/1/13	ennial2007011304	st of the Kuril Islar	APAC	46.23	8.1	154.55	1215766546	
19	2004/12/23	ennial2004122314	:h of Macquarie Isl	APAC	-49.33	8.1	161.42	1215766546	
20	2009/9/29	009092917481099	amoa Islands regic	APAC	-15.489	8.1	-172.095	1215766546	
21	2007/4/1	ennial2007040120	Solomon Islands	APAC	-8.43	8.1	157.06	1215766546	
22	1985/9/19	ennial1985091913	Michoacan, Mexic	rth & South Amer	18.455	8	-102.368	1073741824	
23	1985/3/3	ennial1985030322	hore Valparaiso, C	rth & South Amer	-33.139	8	-71.761	1073741824	
24	2006/5/3	ennial2006050315	Tonga	APAC	-20.15	8	-174.1	1073741824	
25	1995/7/30	ennial1995073005	Antofagasta, Chile	rth & South Amer	-23.336	8	-70.265	1073741824	
26	2007/8/15	ennial2007081523	he coast of centra	rth & South Amer	-13.38	8	-76.61	1073741824	
27	2013/2/6	usc000f1s0	/ of Lata, Solomon	APAC	-10.738	8	165.138	1073741824	
28	1300/5/7	ennial13050722	slands, Aleutian Isl	APAC	51.555	8	-174.811	1073741824	

Earthquake Data

图 7-4　数据源文件的内容

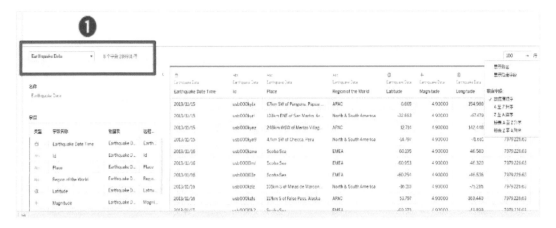

图 7-5　Tableau 显示的数据源

7.4.2　设计工作表

1. 工作表——地震数据的散点图

（1）新建工作表

在 Tableau 中，选择菜单"工作表"→"新建工作表"命令，生成"工作表 1"；在窗口底部的"工作表"标签栏中右击"工作表 1"，将其重命名为"地震数据的散点图"。

（2）生成视图

将"Longitude"拖至"列"功能架，将"Latitude"拖至"行"功能架，并在新生成的绿色胶囊中将"Longitude"和"Latitude"均设置为"维度"，如图 7-6 所示。选择菜单"地图"→"无"命令，隐藏散点图的背景地图。

（3）修改视图

设置"标记"卡的具体属性，以便提升散点图的可视化效果。在"数据"窗格中，将"Id"拖至"标记"卡，将其标记类型（单击"标记"卡中新生成的 Id 胶囊的左侧图标）改为"详细信息"，并在其属性设置窗口（单击"标记"卡中新生成的 Id 胶囊的右侧箭头）中，进行如下设置："排序依据"设为"字段"，"排序顺序"设为"降序"，"字段名称"设为"Magnitude"，"聚合方式"设为"总和"，如图 7-7 所示。

采用同样的方式，继续设置以下"标记"卡的属性：

- 将"Magnitude"拖至"颜色"类标记，自定义颜色色板、不透明度和边界。
- 将"Magnitude^10"拖至"大小"属性，拖动大小比例尺，自定义数据点的大小比例。
- 将"Earthquake Date Time"拖至"详细信息"属性，显示内容调整为"精确日期"。
- 将"Place"和"Magnitude"拖至"标签"属性，将标签标记调整为"已选定"和"允许标签覆盖其他标记"，自定义标签文本的外观。

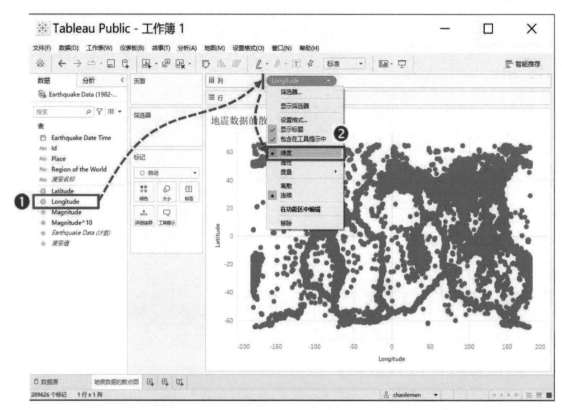

图 7-6　生成散点图

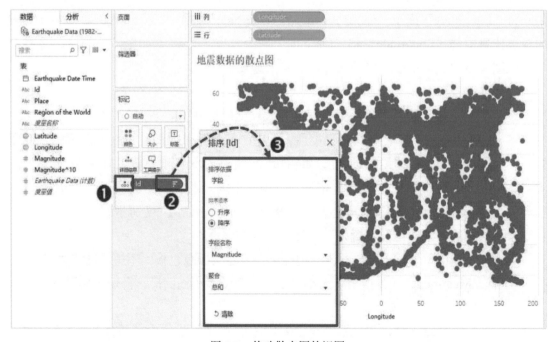

图 7-7　修改散点图的视图

完成上述"标记"卡的属性设置后,工作表的界面和标记卡的设置如图 7-8 所示。

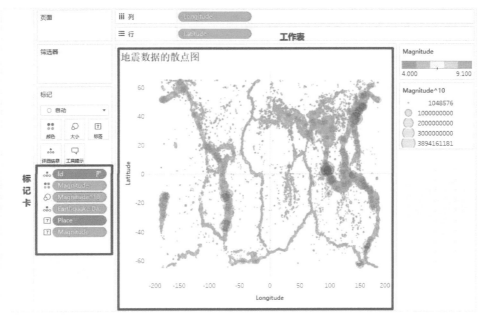

图 7-8 地震故事标记卡及工作表

（4）筛选器新增、设置及显示

首先，新增筛选器并设置其属性。将"Magnitude"拖至"筛选器"功能架，生成新建胶囊"Magnitude"，并将其属性设为"应用于工作表"→"使用此数据源的所有项"，以便在不同的工作表中连接相同的筛选器，如图 7-9 所示。

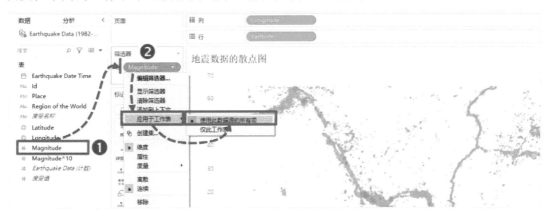

图 7-9 Magnitude 筛选器的生成及设置

采用与"Magnitude"筛选器的生成及设置类似的方法，将"Earthquake Date Time""Region of the World"和"Latitude"胶囊拖至"筛选器"功能架，将"Earthquake Date Time"和"Region of the World"的属性设为"应用于工作表"→"使用此数据源的所有项"，以便在不同的工作表中连接相同的筛选器。

接着，显示相应的筛选器。在筛选器中，分别单击上述筛选器胶囊中的向下箭头，然后选择"显示筛选器"，将在工作表右侧显示的筛选器拖动至"标记"卡下方（注意：

不在"标记"卡的方框中)的空白区域,如图 7-10 所示。

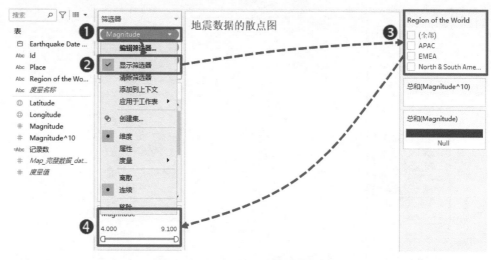

图 7-10　筛选器的显示

最后,工作表"地震数据的散点图"的标记卡和筛选器的设置结果如图 7-11 所示。

标记卡的设置结果　　　　　　　　　　筛选器的设置结果

图 7-11　标记卡和筛选器的设置结果

2. 工作表——地震次数的统计

(1)创建工作表"地震次数的统计"

采用类似创建工作表"地震数据的散点图"的步骤,新建工作表 2 并命名为"地震次数的统计",如图 7-12 所示。

(2)创建新的计算字段"地震记录的条数"

在"数据"窗格中选择字段"Magnitude",然后单击右键,在弹出的快捷菜单中选择"创建"→"计算字段"命令(如图 7-13 所示);在新的计算字段的窗口中,将新计算字段命名为"地震记录的条数",旨在计算地震的频次,并将其计算方法设为如图 7-14

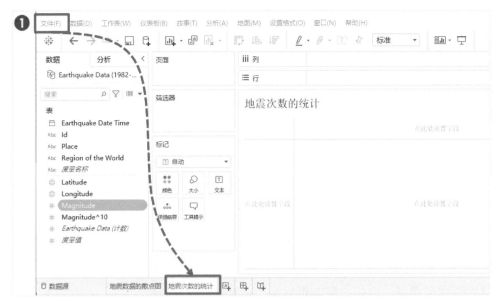

图 7-12　新建工作表"地震次数的统计"

所示。此时，在"数据"窗格中产生新的计算字段"地震记录的条数"。

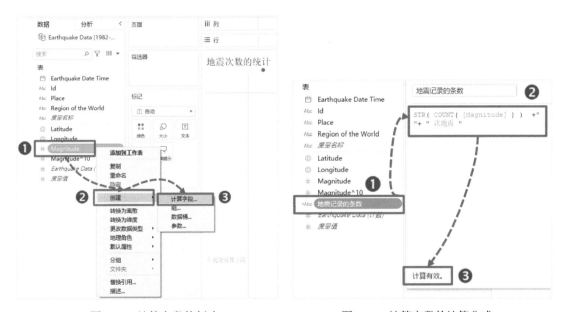

图 7-13　计算字段的创建　　　　　图 7-14　计算字段的计算公式

将新生成的计算字段"地震记录的条数"从"数据"窗格拖至"标记"卡，生成"地震记录的条数"胶囊，将其类型改为"文本"，设置显示方式为"整个视图"，并调整区的字体格式，结果如图 7-15 所示。

图 7-15　工作表"计算次数的统计"设置结果

3．工作表——地震次数的折线图

（1）创建工作表"地震次数的折线图"

采用类似创建工作表"地震数据的散点图"的步骤，新建工作表并命名为"地震次数的折线图"。

（2）新建视图

选中工作表"地震次数的总计"，将"Earthquake Date Time"从"数据"窗格拖至"列"功能架，并按"年份"显示；同时，将自动生成的"1982—2013"（计数）字段从"数据"窗格拖至"行"功能架。最终，生成横轴和纵轴分别为年份和地震次数的折线图，如图 7-16 所示。

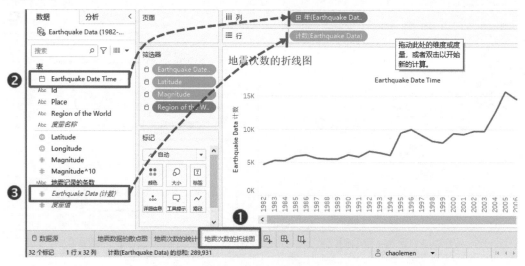

图 7-16　工作表及视图"地震次数的折线图"

（3）修改视图

通过对"标记"卡中属性的修改，设置折线图的外观，如颜色、轴标签、标题、线条粗细等，如图 7-17 所示。

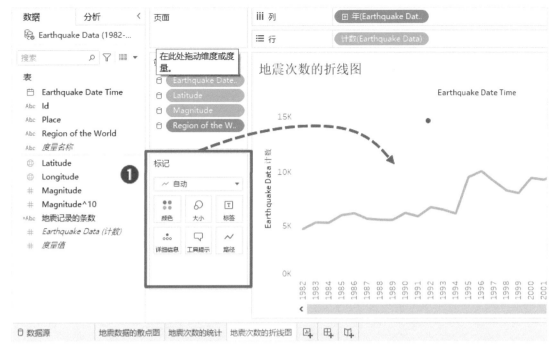

图 7-17　修改视图"地震次数的折线图"

4．工作表——不同地区的地震次数的增长趋势

（1）新建工作表及视图

在 Tableau 界面底部的"数据源/工作表/仪表板/故事"标签栏中，选择工作表"地震次数的折线图"并单击右键，在弹出的快捷菜单中选择"复制"命令，从而复制工作表，并将新工作表命名为"不同地区的地震次数的增长趋势"。

（2）修改视图

将"Region of the World"从"数据"窗格拖至"标记"卡，将其标记类型设置为"颜色"，此时将在当前工作表的画布区域显示三条趋势线，分别代表的是 APAC、EMEA 和 North & South America 三个地区的地震次数的增长趋势线，如图 7-18 所示。

5．工作表——不同地区的地震记录总数

继续采用工作表"不同地区的地震次数的增长趋势"的创建方法，新建工作表"不同地区的地震记录总数"，并设置视图属性，如图 7-19 所示。

6．工作表——不同地区地震级别的方差

继续采用工作表"不同地区的地震次数的增长趋势"的创建方法，新建工作表"不同地区地震级别的方差"，并设置视图属性，如图 7-20 所示。

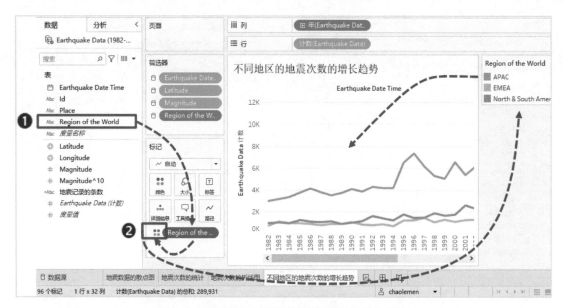

图 7-18 "不同地区的地震次数的增长趋势"视图

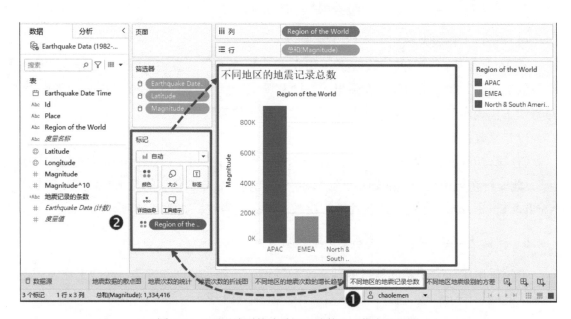

图 7-19 "不同地区的地震记录总数"工作表和视图

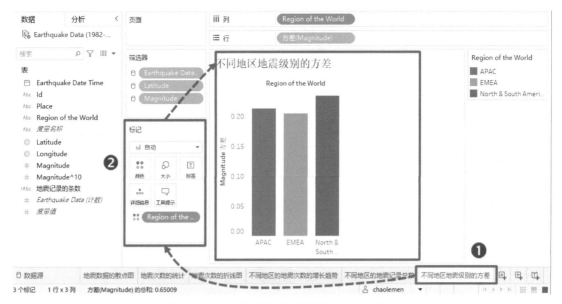

图 7-20 "不同地区地震级别的方差"工作表

7．工作表——2013年雅安发生大地震

（1）新建工作表，连接新数据

新建工作表，并命名为"2013年雅安发生大地震"，连接到数据"雅安数据"，并在"数据"窗格中选择工作表"雅安数据"，如图 7-21 所示。

图 7-21　新建工作表并连接新数据

（2）修改视图

选中工作表"雅安数据"，将"Longitude"字段从"数据"窗格拖至"列"功能架，将"Latitude"字段从"数据"窗格拖至"行"功能架，将"Place"字段从"数据"窗格拖至"标记"→"标签"卡，将"Magnitude^10"字段从"数据"窗格拖至"标记"→"标签"卡，如图 7-22 所示。然后修改标签文字内容及格式，结果如图 7-23 所示。

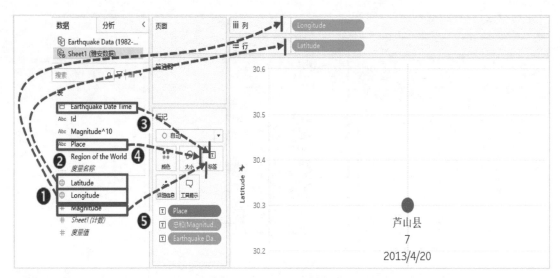

图 7-22　雅安地震标记

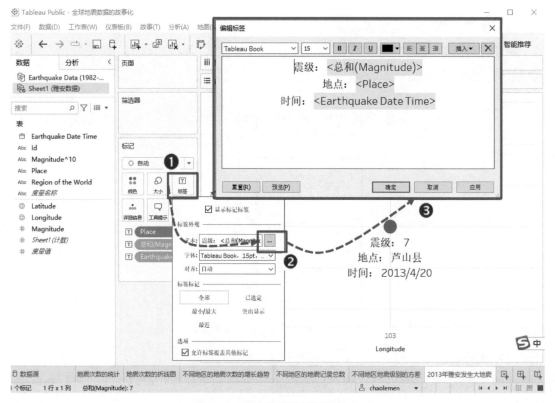

图 7-23　雅安地震标记标签修改

最终，生成横轴和纵轴分别为经度和纬度的雅安数据点标志图，如图 7-24 所示。

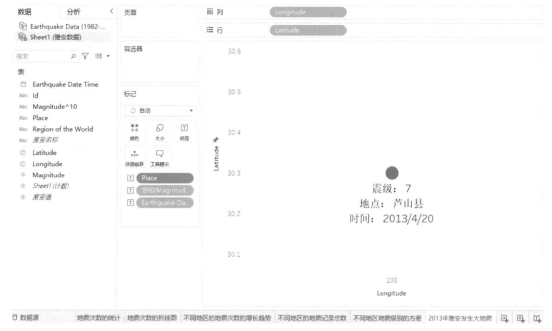

图 7-24 雅安地震数据标记工作表

7.4.3 设计仪表板

1. 仪表板——地震数据的显示

（1）新建仪表板

选择菜单"仪表板"→"新建仪表板"命令，新建仪表板 1 并命名为"地震数据的显示"，如图 7-25 所示。

（2）仪表板的设置

选中仪表板"地震数据的显示"，并进行以下操作：将"地震数据的散点图"工作表拖至视图，将"地震次数的统计"工作表拖至右侧筛选器栏下方的空白区域，如图 7-26 所示。

（3）修改仪表板

在显示仪表板"地震数据的显示"的前提下，进行如下修改操作：

在仪表盘的右侧栏中选择"Magnitude"筛选器，单击其下拉箭头，将其"布局"功能架设置为"浮动"并拖至视图的右下方，如图 7-27 所示。

将"文本"对象从"仪表板"窗格拖至仪表画布的"视图"上方，并编辑文本说明（如"从 1982 年到 2013 年，已记录的 4.0 级及以上的地震有 289931 次。"），从而为数据化故事构造情境。此处，用户需要自行调整文本对象的布局和字体，如图 7-28 所示。

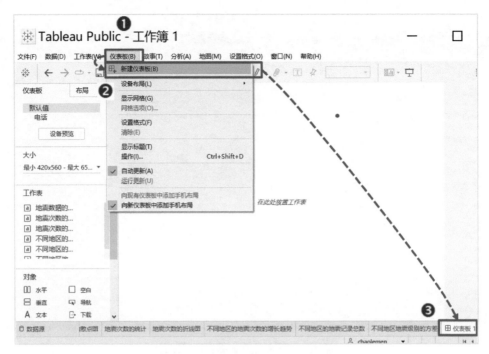

图 7-25 "地震数据的显示"仪表板

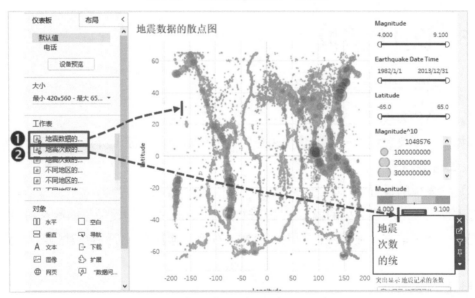

图 7-26 设置"地震数据的显示"仪表板

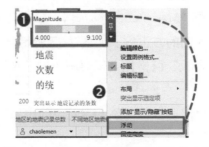

图 7-27 修改"地震数据的显示"仪表板

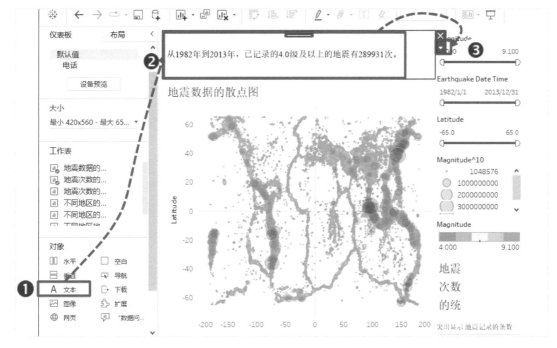

图 7-28　"地震数据的显示"仪表板设置结果

2. 仪表板——地震次数的趋势

新建仪表板 2 并命名为"地震次数的趋势"，将"仪表板"窗格中的"地震次数的折线图"工作表拖至当前仪表板的"画布"区域，如图 7-29 所示；选中"Magnitude"筛选器，将其"布局"设为"浮动"，拖至视图的合适区域，结果如图 7-30 所示。

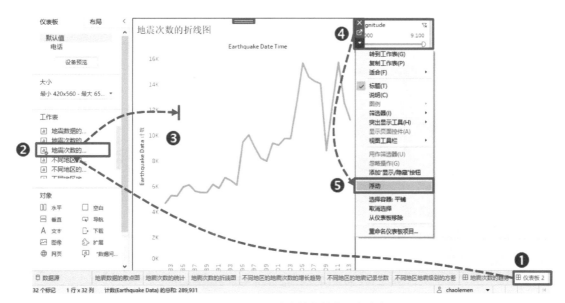

图 7-29　设计"地震次数的趋势"仪表板

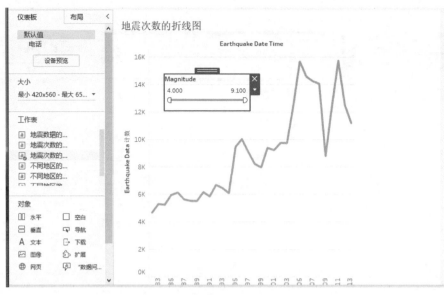

图 7-30　设置"Magnitude"筛选器

3. 仪表板——不同区域的地震数据比较

新建仪表板 3 并命名为"不同区域的地震数据比较",依次将工作表"不同地区的地震记录总数""不同地区的地震次数的增长次数"和"不同地区地震级别的方差"拖至仪表板的画布中,结果如图 7-31 所示。

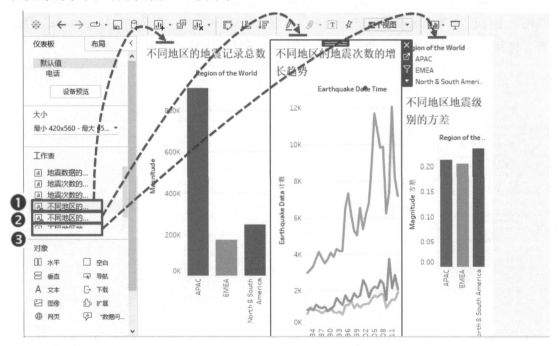

图 7-31　仪表板"不同区域的地震数据比较"

选择"布局"窗格,通过拖动视图的方法可以改变仪表板的布局,如图 7-32 所示。

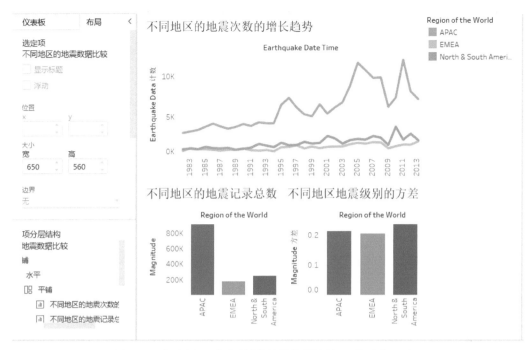

图 7-32　仪表板"不同区域的地震数据比较"（修改布局后）

4. 仪表板——2011 年日本大地震

选择菜单"仪表板"→"新建仪表板"命令，新建仪表板 4 并命名为"2011 年日本大地震"，在"仪表板"窗格中单击"图像"按钮，然后选择"2011Japan91earthquake.jpg"文件，在仪表板的画布中显示"2011 年日本大地震"，如图 7-33 所示。

图 7-33　仪表板"2011 年日本大地震"

5. 仪表板——习近平总书记到灾区考察

新建仪表板 5 并命名为"习近平总书记到灾区考察",在"仪表板"窗格中单击"图像"按钮,然后选择"习近平总书记到灾区考察.jpg"文件,在仪表板的画布中显示相关照片,如图 7-34 所示。

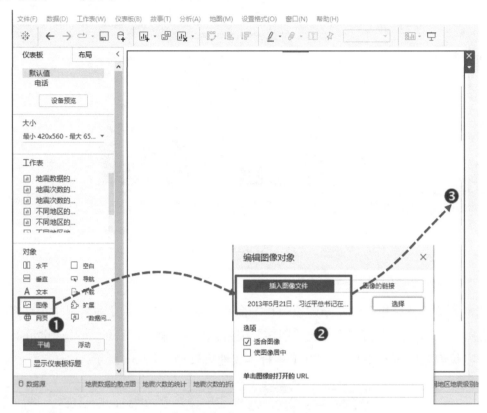

图 7-34 仪表板"习近平总书记到灾区考察"
(背景图片来源:新华网)

6. 仪表板——抗震救灾精神

新建仪表板 6 并命名为"抗震救灾精神",在"仪表板"窗格中单击"图像"按钮,在仪表板的画布中显示"抗震救灾精神",如图 7-35 所示。

7.4.4 设计故事

Tableau 通过添加故事点和故事注释的方式描述故事,按顺序排列的可表示故事情节的视图或仪表板,放入故事中的每个的仪表板或视图被称为"故事点"。

选择菜单"故事"→"新建故事"命令,将新故事命名为"地震数据的故事化",同时将故事标题重命名为"大地震是否发生得越来越频繁",如图 7-36 所示。

图 7-35　仪表板"抗震救灾精神"

（背景图片来源：共产党员网，"中国共产党人的精神谱系"之"抗震救灾精神"页面）

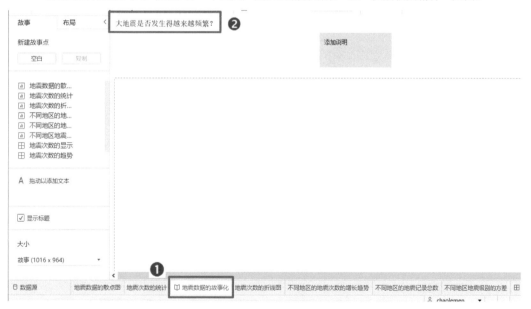

图 7-36　新建故事"地震数据的故事化"

1. 新增故事点——地球上每年都有上千次 4.0 级及以上的地震被记录

在"故事"窗格中将仪表板"地震数据的散点图"拖至故事画布，添加说明"地球上每年都有上千次 4.0 级及以上的地震被记录"，单击说明区域上方的"更新"，可保存对故事点所做的更改，并可调整故事视图、说明区域、筛选器的大小及位置，如图 7-37 所示。

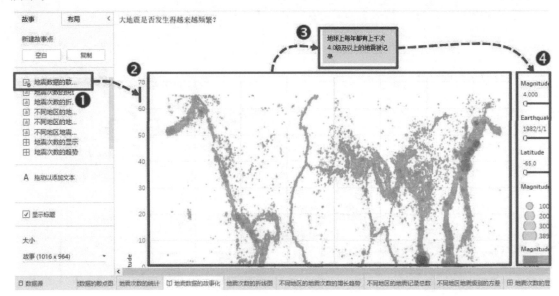

图 7-37 新建故事点"地球上每年都有上千次 4.0 级及以上的地震被记录"

2. 新增故事点——地球上每年的大地震约为 15 次

(1) 以复制方式创建故事点

将第一个故事点作为下一个故事点的基础，在"故事"窗格中单击按钮"复制"（文字"新建故事点"下方），生成新的故事点，如图 7-38 所示。

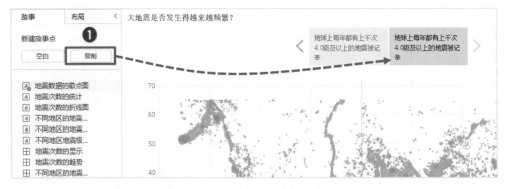

图 7-38 以复制方式创建新的故事点

(2) 修改故事点

为显示较大级数的地震，将"Magnitude"筛选器更改为"7.000 - 9.100"，可以看到多数大地震发生在太平洋周围，大地震的次数为 484 次，大约为每年 15 次。因此，将故事点的说明改为"每年的大地震约为 15 次"，并修改文本对象中的内容为"其中，有 484 次地震为 7 级及以上的大地震。但很多人可能想知道：地震是不是发生得更频繁了？"，如图 7-39 所示。

图 7-39　修改故事点"每年的大地震约为 15 次"

3. 新建故事点——超级大地震往往带来巨大的灾难

复制上一个故事点"地球上每年的大地震约为 15 次",将"Magnitude"筛选器更改为"8.000 - 9.100",显示 8 级及以上的超级大地震,修改说明"超级大地震往往带来巨大的灾难",并修改文本对象中的内容为"8 级及以上的超级大地震有 29 次,它们会给人类带来巨大的经济损失和人员伤亡。印度尼西亚和日本附近的超级大地震曾引发过海啸,造成了数千人的死亡",如图 7-40 所示。

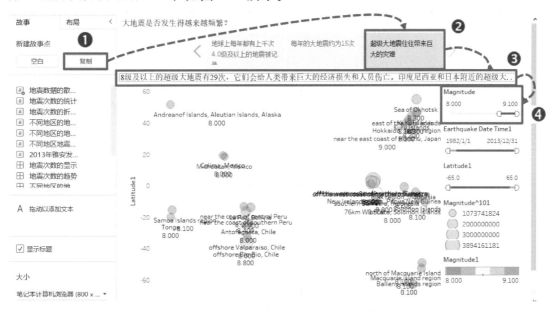

图 7-40　故事点"超级大地震往往带来巨大的灾难"

4. 新建故事点——2004 年的印度洋地震和海啸

复制上一个故事点"超级大地震往往带来巨大的灾难",生成新的故事点,并在新的故事点中将"Magnitude"筛选器更改为"9.000 - 9.100"，以筛选出统计时间范围内 9 级及以上的最大地震，可以看到曾发生过两次这样大强度的地震，一次是发生在印度洋苏门答腊岛北部的西海岸，另一次发生在日本本州岛东海岸。因此，将新故事点的修改说明改为"2004 年的印度洋地震和海啸"，将文本对象的内容改为"在该数据集中，记录的 9 级及以上的特大地震有两次：一次是发生在印度洋苏门答腊岛北部的西海岸，另一次发生在日本本州岛东海岸"，如图 7-41 所示。

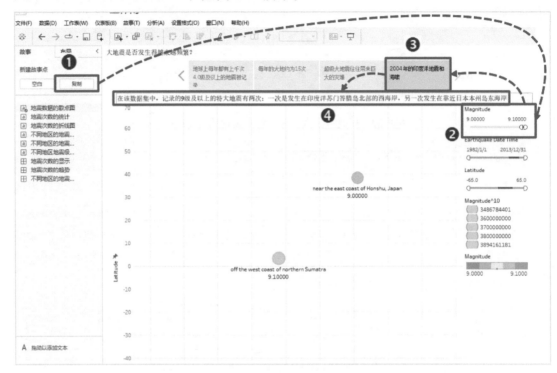

图 7-41　新建故事点"2004 年的印度洋地震和海啸"

接着，选中 2004 年的 9.1 级的印度洋地震，并将数据点的注释中增加"2004 年 12 月 26 日发生在印度洋苏门答腊北部西海岸的地震是 9.1 级的海底超级大地震。它是有史以来记录的第三大地震，观察到的断层活动持续了 8.3 至 10 分钟，是有史以来记录到的地震的最长时间"，如图 7-42 所示。

5. 新建故事点——2011 年的日本地震和海啸

新建空白故事点并命名为"2011 年的日本地震和海啸"，将仪表板"2011 年日本大地震"拖至故事点的画布，增加本对象的内容为"2011 年 3 月 11 日，日本本州岛东海岸也经历了一次致命的超级大地震，这是记录范围内袭击日本的震级最高的大地震，也是有史以来记录到的第五强的大地震"，如图 7-43 所示。

图 7-42　修改故事点"2004 年的印度洋地震和海啸"

图 7-43　故事点"2011 年的日本地震和海啸"
（图片来源：新华网）

6. 新建故事点——2013 年雅安发生大地震

新建空白故事点并命名为"2013 年雅安发生大地震"，将工作表"2013 年雅安发生大地震"拖至故事点的画布，增加本对象中的内容为"据中国地震台网测定，北京时间 2013 年 4 月 20 日 8 时 02 分 46 秒，在四川省雅安市芦山县龙门乡、宝盛乡、太平镇交界（北纬 30.3°，东经 103.0°）发生面波震级为里氏 7.0 的地震，震源深度 13 千米，受灾范围约 18682 平方千米。", 如图 7-44 所示。

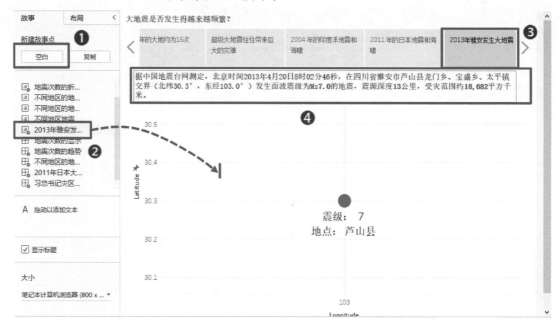

图 7-44　新建故事点 "2013 年雅安发生大地震"

7. 新建故事点——雅安地震带来了巨大灾难

新建空白故事点并命名为 "雅安地震带来了巨大灾难", 添加文本对象中的内容为：

中国地震局网站消息, 截至 2013 年 4 月 24 日 14 时 30 分, 共造成 196
人死亡, 21 人失踪, 11470 人受伤。

截至 28 日 8 时, 共记录到余震 5531 次, 其中 3.0 级以上余震 113 次。

并将其中的数字用红色突出显示, 如图 7-45 所示。

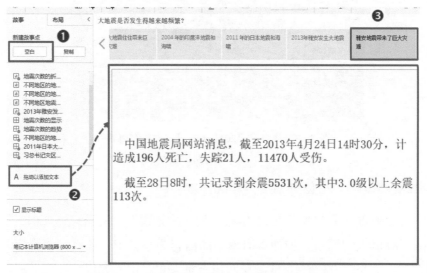

图 7-45　新建故事点 "雅安地震带来了巨大灾难"

8. 新建故事点——习近平总书记立即对抗震救灾工作做出重要指示

新建空白故事点并命名为"习近平总书记立即对抗震救灾工作做出重要指示"，添加文本对象中的内容为（如图7-46所示）：

2013年4月四川雅安芦山地震发生后，习近平总书记立即作出重要指示，要求抓紧了解灾情，把抢救生命作为首要任务，千方百计救援受灾群众，科学施救，最大限度减少伤亡。同时，要加强地震监测，切实防范次生灾害，要妥善做好受灾群众安置工作，维护灾区社会稳定。

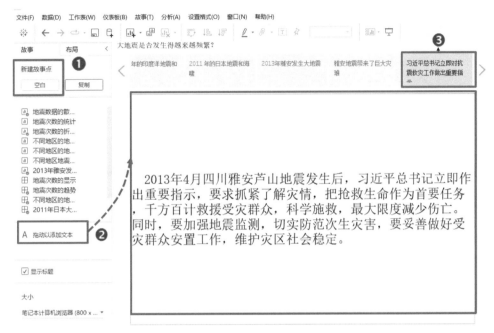

图7-46 故事点"习近平总书记立即对抗震救灾工作做出重要指示"
（文字内容来源：中央电视台"中文国际频道"2013年04月21日新闻报道）

9. 新建故事点——武警部队紧急开展救援工作

新建空白故事点并命名为"武警部队紧急开展救援工作"，添加文本对象中的内容为：

截至2013年4月22日，武警部队救灾一线兵力已增至5800名，大型工程机械164台。连日来，官兵们分布在芦山、宝兴、荥经、天全等县乡镇，全面展开搜救人员、转移群众、救治伤员等任务。共从废墟中成功救出被困群众103人，救治伤员1660人，医疗巡诊650人，抢通道路18公里，抢运物资215吨。

并将其中的数字用红色突出显示，如图7-47所示。

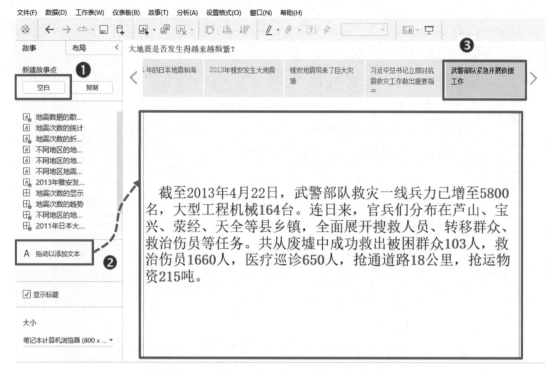

图 7-47　新建故事点"武警部队紧急开展救援工作"

10.　新建故事点——习近平总书记再次对抗震救灾工作做出重要指示

新建空白故事点并命名为"习近平总书记再次对抗震救灾工作做出重要指示"，添加文本对象的内容（来源：光明网）为（如图 7-48 所示）：

> 要坚持抗震救灾工作和经济社会发展两手抓、两不误，大力弘扬伟大抗震救灾精神，大力发挥各级党组织领导核心和战斗堡垒作用、广大党员先锋模范作用，引导灾区群众广泛开展自力更生、生产自救活动，在中央和四川省大力支持下，积极发展生产、建设家园，用自己的双手创造幸福美好的生活。
>
> ——2013 年 5 月 2 日，习近平总书记就四川芦山地震抗震救灾工作作出重要指示

11.　新建故事点——习近平总书记到灾区考察

新建空白故事点并命名为"习近平总书记到灾区考察"，将仪表板"习近平总书记到灾区考察"拖至故事点的画布，增加本对象的内容为"习近平总书记在芦山县体育馆安置点一帐篷内亲抚一小孩"，如图 7-49 所示。

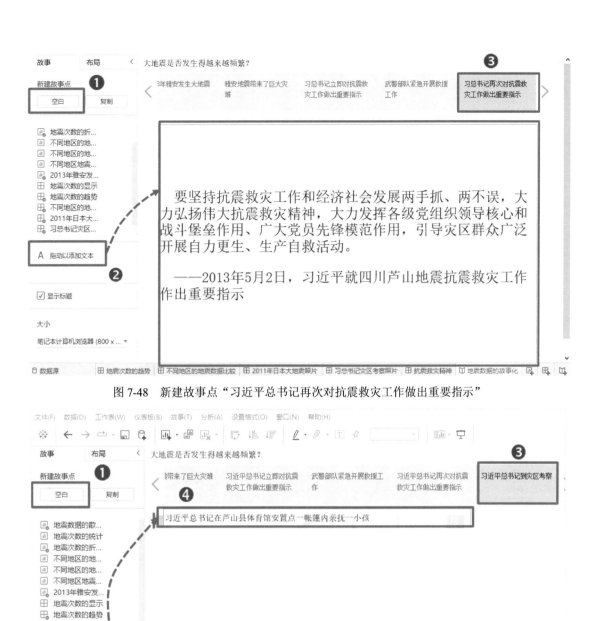

图 7-48　新建故事点"习近平总书记再次对抗震救灾工作做出重要指示"

图 7-49　新建故事点"习近平总书记到灾区考察"
（图片来源：共产党员网）

12. 新建故事点——雅安大地震体现了中国的抗震救灾精神

新建空白故事点并命名为"雅安大地震体现了中国的抗震救灾精神"，将仪表板"抗震救灾精神"拖至故事点的画布，增加本对象的内容为（如图 7-50 所示，来源：共产党员网，"中国共产党人的精神谱系"之"抗震救灾精神"页面）：

中国共产党人抗震救灾精神的内涵是：万众一心，众志成城，不畏艰难，百折不挠，以人为本，尊重科学

图 7-50　新建故事点"雅安大地震体现了中国的抗震救灾精神"
（图片来源：共产党员网"中国共产党人的精神谱系"之"抗震救灾精神"页面）

13. 新建故事点——中国共产党人的精神谱系

新建空白故事点并命名为"中国共产党人的精神谱系"，添加文本对象的内容（来源：共产党员网"中国精神"专题栏目）为（如图 7-51 所示）：

我们党之所以历经百年而风华正茂、饱经沧桑而生生不息，就是凭着那么一股革命加拼命的强大精神。

精神之源：伟大建党精神。

新民主主义革命时期：井冈山精神、苏区精神、长征精神、遵义会议精神、延安精神、抗战精神、红岩精神、西柏坡精神、照金精神、东北抗联精神、南泥湾精神、太行精神（吕梁精神）、大别山精神、沂蒙精神、老区精神、张思德精神。

社会主义革命和建设时期：抗美援朝精神、"两弹一星"精神、雷锋精神、焦裕禄精神、大庆精神（铁人精神）、红旗渠精神、北大荒精神、塞罕

坝精神、"两路"精神、老西藏精神（孔繁森精神）、西迁精神、王杰精神。

改革开放和社会主义现代化建设新时期：改革开放精神、特区精神、抗洪精神、抗击"非典"精神、抗震救灾精神、载人航天精神、劳模精神（劳动精神、工匠精神）、青藏铁路精神、女排精神。

中国特色社会主义新时代：脱贫攻坚精神、抗疫精神、"三牛"精神、科学家精神、企业家精神、探月精神、新时代北斗精神、丝路精神。"

图 7-51　新建故事点"中国共产党人的精神谱系"

15. 新建故事点——每年地震的发生次数呈增长趋势

新建空白故事点，并将"故事"窗格的"地震次数的趋势"仪表板拖至故事点的画布，添加说明"每年地震的发生次数呈增长趋势"，通过"拖动以添加文本"为故事点添加描述"自 1982 年，记录到的地震数量稳步增长，从 2003 年开始，地震的增长趋势有所加快"，如图 7-52 所示。

16. 新建故事点——亚太地区的趋势尤其明显

从之前的数据分析结果可以发现，不同区域的地震发生趋势存在差异，因此新建空白故事点，将"不同地区的地震数据比较"仪表板拖至故事点的画布区域，可以看到亚太地区格外明显的增长趋势。因此，将本故事点的说明修改为"亚太地区的趋势尤其明显"，并为故事点添加描述"按照地理区域分类分析地震的增长趋势，发现亚太区域发生的地震增长趋势最显著"，如图 7-53 所示。

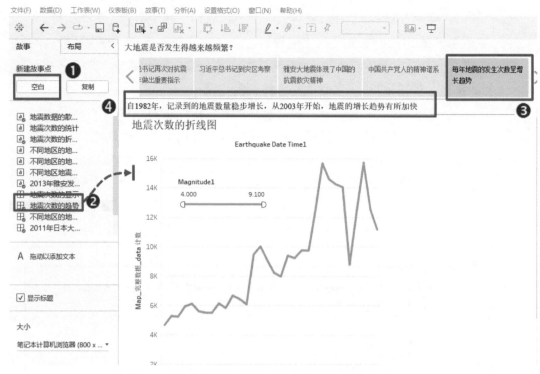

图 7-52　新建故事点"每年地震的发生次数呈增长趋势"

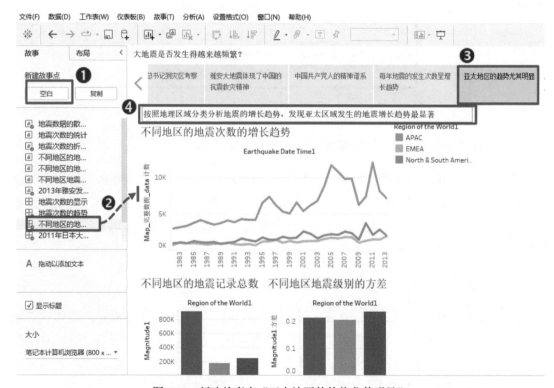

图 7-53　新建故事点"亚太地区的趋势尤其明显"

17．新建故事点——但是大地震的增长趋势不明显

新建空白故事点，将"故事"窗格的"地震次数的折线图"工作表拖至故事画布区域，并将"Magnitude"筛选器更改为"5.000‑9.100"，以筛选出强度较大的地震，发现趋势线变平缓，修改说明为"但是大地震的增长趋势不明显"。在此基础上，为故事点添加描述"大地震的发生次数虽然增加，但上升趋势不明显。应该进行更深入的探索以说明大地震的增长趋势确实如此，还是由于近些年少数特别强烈的超级大地震拉高了趋势"，如图 7-54 所示。

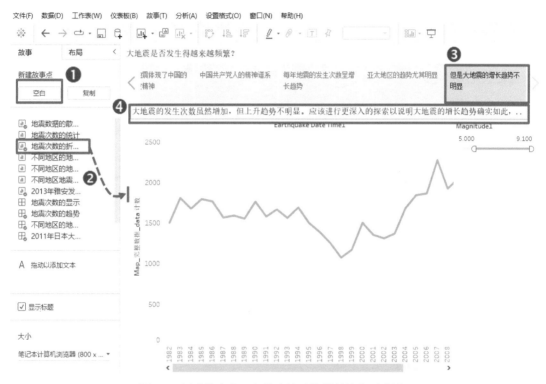

图 7-54 新建故事点"但是大地震的增长趋势不明显"

7.5 地震数据故事的发布

在 Tableau 工具栏中单击"演示"按钮 ，即可预览故事的发布效果。单击工具栏的"保存"按钮，生成的数据故事可以保存在 Tableau Public 中并发布，将工作簿的标题设置为"全球地震数据的故事化"，如图 7-55 所示，可以让受众自由探索数据并获取数据洞察。保存后，Tableau Public 将数据化故事的工作簿发布在 Tableau Public 服务器，受众可以使用编辑、收藏、共享、下载等功能进行分享和进一步处理，如图 7-56 所示。

图 7-55　Tableau 故事的发布

图 7-56　Tableau Public 中已发布数据故事

7.6　地震数据故事的评价与改进

地震数据故事是利用 Tableau 推出的案例，是一个较为完整的数据故事化产品，但仍有待改进空间。借鉴基于结果的数据故事化评价模型，我们可以分别对地震数据故事从感知体验性、感知有用性、感知易用性三个角度展开评价。

（1）从感知体验性方面来看

地震数据故事以 Tableau 工具为载体，利用可视化技术和文字说明的方式讲述故事，故事页面开放式呈现给受众，受众可以与计算机进行交互，从而自行掌控故事的进度以及查看自己感兴趣的内容。具体来说，受众可通过点击下一个和上一个故事点来查看故事进展或回溯故事，拖动筛选器可控制查看数据的范围，点击数据点可在已有的数据故事基础上深入探索数据。基于 Tableau 的地震数据故事化对于接纳计算机技术的受众来说拥有较好的自由探索空间，但对于不熟练操作计算机的人来说体验效果可能不佳。

（2）从感知有用性方面来看

地震数据故事利用八个故事点围绕"地震是不是发生得更频繁了"问题，故事情节由浅入深，具有一次转折，能够带动受众的情绪反应。在第二个故事点提出待回答的问题，而在结局明确回答了这个问题，并提供了可深入探索的方向，具有较高的感知有用性。但故事情节冲突和转折较少，故事内容尚停留在较浅的层次，可以继续探索大地震趋势的产生原因，以生成更加精彩的数据故事。

（3）从感知易用性方面来看

地震数据故事逻辑清楚、环环相扣，其可视化展示效果清晰明确，在 Tableau 上查看数据故事采用拖曳和点击的方式，操作简单，具有较高的感知易用性。

小　结

本章给出了一项较为完整的数据故事化工程项目——基于地震数据分析的数据故事化，对于进一步加深理解本书讲解的数据故事化的理论、方法和技术具有重要意义。

首先，介绍了基于 Tableau 的数据故事化的方法论及其 8 个基本步骤——需求分析、设计数据故事、连接数据源、数据准备、生成工作表及视图、生成仪表板、生成数据故事和发布数据故事。

其次，分析了地震数据故事的数据故事化需求，尤其是其对应的业务背景、数据分析及故事化目的。

再次，结合本书前 6 章的知识，讨论本项目所开发数据故事的类型、要素、模型和叙述方法，给出了地震数据故事的顶层设计。

接着，结合 Tableau 的操作方法，给出了数据故事化工程项目的具体生成和操作步骤，包括工作表、仪表板、故事点和故事线的操作详细步骤。

最后，结合本书前 6 章的知识，给出了基于 Tableau 数据故事的发布方法及数据故事化项目的评价与改进方法。

值得一提的是，本章最后尝试通过地震数据故事探索课程思政改革，以 1982 年至 2013 年间的全球地震数据的分析为基础，有效引入了"中国共产党人的精神谱系"，尤其是"抗震救灾精神"，为"数据故事化"的理论研究在"讲好中国故事"中的潜在应用提供重要借鉴意义。

思 考 题

1. 简述基于 Tableau 的数据故事化流程。
2. 分析需求分析在数据故事化中的重要地位。
3. 结合本章给出的案例，分析 Tableau 中的工作表与仪表板之间的联系。
4. 如何评价和改进数据故事？
5. 在 Tableau 中，用户如何发布数据故事？
6. 请结合自己所关注的领域和数据，以 Tableau 为数据故事化开发工具，给出一项数据故事化项目的设计、开发和发布等全部流程的详细报告。

附录 A
数据故事化的重要文献

DS

AAKER D, Aaker J L．What are your signature stories[J]．California Management Review, 2016, 58(3): 49-65．

AKASH K．TED Talks Storytelling : 23 Storytelling Techniques from the Best TED Talks[M]．AkashKaria, 2014．

BOOKER C．The seven basic plots : Why we tell stories[M]．A&C Black, 2004．

BOYD B．On the origin of stories : Evolution, cognition, and fiction[M]．Harvard University Press, 2010．

CRON L．Wired for story : The writer's guide to using brain science to hook readers from the very first sentence[M]．Ten Speed Press, 2012．

DAHLSTRÖM A．Storytelling in Design : Defining, Designing, and Selling Multidevice Products[M]．O'Reilly Media, 2019．

DENIS R．Hands-On Explainable AI (XAI) with Python[M]．UK: Packt Publishing Ltd, 2020．

DOLAN G, NAIDU Y．Hooked : How leaders connect, engage and inspire with storytelling [M]．John Wiley & Sons, 2013．

DOLAN G. Stories for work : The essential guide to business storytelling[M]．John Wiley & Sons, 2017．

DOUGHERTY J, ILYANKOU I．Hands-On Data Visualization : Interactive Storytelling from Spreadsheets to Code[M]. O'Reilly Media, Inc., 2021.

DUARTE N. Data story : explain data and inspire action through story[M]. Ideapress Publishing, 2019.

DUNKLEBERGER A. Write a Mystery in 5 Simple Steps[M]. Enslow Publishing, LLC, 2013.

FEIGENBAUM A, ALAMALHODAEI A. The Data Storytelling Workbook[M]. Routledge, 2020.

GALLO C. The art of persuasion hasn't changed in 2000 years[J]. Harvard Business Review, 2019.

HANRAHAN P. VizQL : a language for query, analysis and visualization[C] // Proceedings of the 2006 ACM SIGMOD international conference on Management of data. 2006: 721-721.

JD SCHRAMM. A Refresher on Storytelling 101[J]. Harvard Business Review, 2014:10.

JOE L. Digital storytelling : capturing lives, creating community[M]. Routledge, 2012.

JOUBERT M, Davis L, Metcalfe J. Storytelling: the soul of science communication[J]. Journal of Science Communication, 2019, 18(5): E.

KEVIN M, ERIC B. Storytelling with Data in Healthcare[M]. Routledge, 2020.

KNAFLIC C N. Storytelling with data: A data visualization guide for business professionals[M]. John Wiley & Sons, 2015.

KNAFLIC C N. Storytelling with Data : Let's Practice![M]. John Wiley & Sons, 2019.

KRZYWINSKI M, CAIRO A. Points of view: storytelling[J]. nature methods, 2013, 10(8): 687.

L BOUNEGRU, L CHAMBERS, J GRAY. The data journalism handbook[M]. O'reilly, 2012.

LINDY R. Visual Data Storytelling with Tableau: Story Points, Telling Compelling Data Narratives[M]. Addison-Wesley Professional, 2018.

LUNA R E. The art of scientific storytelling : framing stories to get where you want to go [J]. Nature Reviews Molecular Cell Biology, 2020, 21(11): 653-654.

MADHAVAn J, BALAKRISHNAN S, BRISBIN K, et al. Big Data Storytelling through Interactive Maps[J]. Data Engineering, 2012: 46.

MARGOT L. Long Story Short : The Only Storytelling Guide You'll Ever Need[M]. Sasquatch Books, 2015.

MARTINEZ-MALDONADO R, ECHEVERRIA V, FERNANDEZ N G, et al. From data to insights : A layered storytelling approach for multimodal learning analytics [C]//

Proceedings of the 2020 chi conference on human factors in computing systems. 2020: 1-15.

MCDOWELL A. Storytelling shapes the future[J]. Journal of Futures Studies, 2019, 23(3): 105-112.

MILLER C H. Digital storytelling : A creator's guide to interactive entertainment [M]. Routledge, 2014.

MOLNAR C. Interpretable Machine Learning: A Guide for Making Black Box Models Explainable[M]. Victoria: Lean Publishing, 2019.

NEUMANN T. Efficiently compiling efficient query plans for modern hardware [J]. Proceedings of the VLDB Endowment, 2011, 4(9): 539-550.

NH RICHE, C HURTER, N DIAKOPOULOS, S CARPENDALE. Data-driven storytelling[M]. CRC Press, 2018.

OJO A, HERAVI B. Patterns in award winning data storytelling: Story types, enabling tools and competences[J]. Digital journalism, 2018, 6(6): 693-718.

RADFORD A, WU J, CHILD R, et al. Language models are unsupervised multitask learners [J]. OpenAI blog, 2019, 1(8): 9.

ROB B. Unleash the Power of Storytelling: Win Hearts, Change Minds, Get [M]. Eastlawn Media, 2018.

ROBERT M. Story Substance, Structure, Style and The Principles of Screenwriting [M]. ReganBooks, 1997.

ROBIN B R, MCNEIL S G. Digital storytelling[J]. The International Encyclopedia of Media Literacy, 2019: 1-8.

ROBIN B R. Digital storytelling : A powerful technology tool for the 21st century classroom[J]. Theory into practice, 2008, 47(3): 220-228.

RYAN L. Visual Data Storytelling with Tableau : Story Points, Telling Compelling Data Narratives[M]. Addison-Wesley Professional, 2018.

SCOTT T. Telling Your Data Story : Data Storytelling for Data Management [M]. Technics Publications, 2020.

SEGEL E, HEER J. Narrative visualization: Telling stories with data[J]. IEEE transactions on visualization and computer graphics, 2010, 16(6): 1139-1148.

SMITH A N. Storytelling industries: narrative production in the 21st century[M]. Springer, 2018.

STEPHANIE E. Presenting Data Effectively : Communicating Your Findings for Maximum Impact[M]. SAGE Publications, 2017.

SWANSON A. Kurt Vonnegut graphed the world's most popular stories[J]. The

Washington Post, 2015, 9．

THIER K, RUSSIN M．Storytelling in Organizations[M]．Springer-Verlag GmbH Germany, part of Springer Nature, 2018．

VEEL K．Make data sing：The automation of storytelling[J]．Big data & society, 2018, 5(1): 2053951718756686．

VORA S．The Power of Data Storytelling[M]. SAGE Publications India, 2019．

WALSH J D．The art of storytelling：Easy steps to presenting an unforgettable story [M]．Moody Publishers, 2003．

WEBER W, ENGEBRETSEN M, KENNEDY H．Data Stories：Rethinking journalistic storytelling in the context of data journalism[J]．Studies in Communication Sciences, 2018(1): 191-206．

WILL S, JAMES C．The Science of Storytelling[M]．Dreamscape Media, LLC,2021．

朝乐门，邢春晓，张勇．数据科学研究的现状与趋势[J]．计算机科学, 2018, 45(1): 1-13．

朝乐门，张晨．数据故事化：从数据感知到数据认知[J]．中国图书馆学报，2019, 45(05):61-78．

朝乐门．数据故事的自动生成与工程化研发[J]．情报资料工作，2021, 42(2): 53-62．

朝乐门．数据科学理论与实践（第二版）[M]．清华大学出版社，2019．

附录 B

数据故事化相关工具软件

1. 以数据讲故事为特征（Data Storytelling as a Feature）

（1）Tableau Story Points

开发者：Tableau Software

作为视觉分析领域的领导者，Tableau 很早就看到了数据讲故事的潜力，在 2014 年发布了一个名为"故事点"的功能。目前该功能还未被广泛采用，但 Tableau 似乎已将重点转移到 PowerPoint 导出选项上。

（2）Qlik Sense Stories

开发者：QlikTech

Qlik Sense 是一个成熟的分析平台，具有强大的可视化功能。尽管与竞争对手 Tableau 和 PowerBI 相比，Qlik 获得的媒体关注较少，但它明白需要通过数据讲故事来接触企业中更广泛的受众。

（3）PowerBI

开发者：Microsoft

PowerBI 是 Microsoft 对视觉分析巨头 Tableau 成功的回应。像该类其他解决方案一样，PowerBI 提供了关于数据讲故事的指导、功能和说明，但没有为用户提供一个集中的解决方案。

2. 基于数据的设计（Design over Data）

（4）Infogram

开发者：Infogram

Infogram 是一个灵活的设计平台，包括添加轻量级图表的功能，还支持多种呈现信息的格式。

（5）Visme

开发者：Visme

如果希望创建信息图形、海报、社交媒体图形甚至视频，Visme 都能够派上用场。与其他设计优先工具一样，Visme 图表旨在显示一些数据点，而不是进行分析。

（6）Piktochart

开发者：Piktochart

Piktochart 是一个设计工具，用于构建信息图、海报、传单、社交媒体图形和演示文稿，但是数据分析功能较弱。

3. 文本故事（Stories with Words）

（7）SiSense Narratives

开发者：Sisense

SiSense 是一个增加了叙事功能的传统商业智能和仪表盘解决方案。

（8）Lexio by Narrative Science

开发者：Narrative Science

Narrative Science 多年来一直在提取分析见解并以文本形式呈现结果方面处于领先地位。他们认为，预定义的仪表板应该被自动生成的文本故事所取代。

4. 引导式分析（Guided Analysis）

（9）Juicebox

开发者：Juice Analytics

Juicebox 将现代数据新闻风格与探索性可视化结合在一起，并自动连接，以支持分析，专注于轻松创作，所以成为该类工具中唯一适用于非技术或非分析师用户的工具。

（10）Toucan Toco

开发者：Toucan Toco

Toucan Toco 是数据讲故事最早的解决方案之一，面向企业用户，用一种独特的方法来呈现数据故事，通过共享、注释和插入故事视图，可以对主题进行全面概述。

（11）Nugit

开发者：Nugit

Nugit 虽然并不引人注目，但是代表了市场上最完整的数据故事解决方案之一。吸引人的设计加上强大的文本功能，使其成为一个值得关注的解决方案。

5. 独立可视化（Stand-alone Visualization）

（12）Flourish

开发者：Thrive 团队

通过提供有创意且设计美观的视觉效果，Flourish 已经建立了一个忠实的客户群，以其赛车条形图而闻名，也有许多其他可视化选择。

（13）RAWGraphs

开发者：DensityDesign、Calibro 和 Inmagik 共同开发

RAWGraphs 是创建高级可视化最快、最简单的方法之一。作为一个历史悠久的开源项目，该工具提供了可按步操作的简单流程来生成可供下载的图像，用来嵌入网页。

（14）Datawrapper

开发者：Datawrapper GmbH

Datawrapper 是全球数据记者使用的热门工具之一，具有许多吸引人的可视化图表和高级地图，并提供灵活的配置，以创建需要的精确视觉效果。

6. 文学故事的自动化生成及建模（Storytelling Tools）

（15）Storytelling Alice 和 Looking Glass

开发者：Caitlin Kelleher 等

2007 年，Caitlin Kelleher 在 Alice 中增加了故事叙述能力，推动了故事叙述型 Alice（Storytelling Alice）的出现。之后，她在圣路易斯华盛顿大学继续开展相关平台——"Looking Glass"（窥镜）的开发。

（16）Beemgee

开发者：Beemgee

Beemgee 面向故事创作者和叙述者的辅助叙事工具，支持从故事构思到故事生成的全流程的自动化

（17）Worldbuilding

开发者：Alex McDowell

Worldbuilding 通过建立虚拟世界的规则和边界，让故事能够在虚拟世界中按照设定的规则运行，不仅为故事创作提供了平台，还为故事角色的发展奠定了基础。

7. 面向营销和新闻的数字化故事讲述（digital storytelling platform for marketing, data journalism）

（18）Shorthand

开发者：Shorthand

Shorthand 面向营销、通信和媒体团队的数字故事讲述平台，在不依赖开发人员团队的情况下，为 Web 开发提供交互式故事。

（内容修改自 Zach Gemignani，2021）

附录 C
数据故事化相关课程资源

DS

1. 数据故事化技术前沿（The Data Storytelling Technology Frontier）

开课单位：中国人民大学

讲 课 人：朝乐门

重点讨论数据故事化领域的 4 种前沿理论：数据故事的定义及特征、数据故事化领域的核心理论及最新理论与实践、数据故事化的关键技术，以及算法与模型的可解释性。

2. 面向商业的数据讲故事(Data Storytelling for Business)

开课单位：Story IQ

讲 课 人：Story IQ 团队成员，如 Dominic Bohan（TED 演讲者）、Isaac Reyes（Story IQ 的联合创始人）、Diedre Downing（数据可视化主讲人）、Martin Ng（数据可视化主讲人）

课程帮助学生构建关于数据故事概念的坚实基础。课程结束时，学生将具备制作具有令人信服和难忘的数据可视化作品。

3. 数据讲故事和可视化工作坊（Data Storytelling & Visualization Workshop）

开课单位：个人

讲 课 人：Bill Shandler（信息设计师）

课程讲授艺术和科学，以及制作令人信服作品的实际操作策略。

4. 数据讲故事课程（Data Storytelling Lessions）

开课单位：Juice Analytics

讲 课 人：Zach Gemignani（Juice Analytics 的联合创始人兼 CEO）

由超过 20 个短课程组成，提供了成为数据故事讲述者所需的技能、提示和技巧。

5. 用数据说服——高度实用和协作（Persuading with Data - highly practical and collaborative）

开课单位：MIT

讲 课 人：Executive EducationMiro Kazakoff（麻省理工学院斯隆管理学院管理沟通高级讲师）

课程结合了可视化和战略沟通的最佳实践，帮助学生更有效地利用数据，并通过数据讲故事影响他人根据数据采取行动。

6. 数据故事学院（Data Story Academy）

开课单位：Data Story Academy

讲 课 人：Zack Mazzoncini（Data Story Academy 的创始人）

课程由三部分组成框架，可为商业专业人士提供他们职业发展所需的工具，并提高他们使用数据获得成功的能力。

7. 数据讲故事:超越静态数据可视化（Data Storytelling : Moving Beyond Static Data Visualizations）

开课单位：Plural Sight

讲 课 人：Troy Kranendonk（数据访问和分析的课程经理，*Pluralsight* 的作者）

课程介绍如何为不同的媒体和受众定制数据故事，以及如何通过定义受众和最终目标来制作数据故事，探索如何创建动画和动态图形来呈现有影响力的时刻。

8. 用于讲故事和发现的数据可视化（Data Visualization for Storytelling and Discovery）

开课单位：Knight Center

讲 课 人：Alberto Cairo（信息设计师，迈阿密大学传播学院教授）

课程发布在美国大型开放在线课程（MOOC）中，由 Google 提供支持，于 2018 年 6 月 11 日至 7 月 8 日录制，可供有兴趣学习如何创建数据可视化，以改进其报告和讲故事的学员学习。

9. 用数据讲故事（Telling Stories with Data）

开课单位：LinkedIn Learning

讲 课 人：Paul A. Smith (*Sell with a Story: How to Capture Attention, Build Trust, and Close the Sale* 一书的作者)

用文字讲述故事的技巧——结构、冲突、解决、情感和惊喜——也可以用在数据上。可以精心制作引人入胜的叙述，帮助受众将信息可视化，而不需要复杂的图表。

10. 数据讲故事 101（Data Storytelling 101）

开课单位：Purdue

讲 课 人：Sorin Adam Matei (普渡大学数据叙事项目主任兼研究副院长)

课程介绍了数据故事的概念和重要性，以及它如何将研究结果转化为有影响力的叙述，并使受众从中学习新事物，记住重要发现，采取行动。

11. 掌握 BI 数据讲故事（Master BI Data Storytelling）

开课单位：BI Brainz

讲 课 人：Mico Yuk、BI Brainz 和 Analytics on Fire Podcast 的创始人

在线课程，讲授如何轻松设置、构建和设计引人注目的数据故事。

12. 用数据讲述故事（Tell a Story with Data）

开课单位：Udemy

讲 课 人：Mike X Cohen (荷兰内梅亨大学副教授)

讲授如何激起并保持受众的注意力，以便他们理解并记住自己的数据演示。

13. 数据讲故事和数据可视化（Data Storytelling and Data Visualization）

开课单位：Udemy

讲 课 人：Joshua Brindley (Udemy 讲师)

讲授数据语言的全部艺术技能：与数据通信；创建有影响力的数据可视化；用数据讲故事；通过数据驱动的决策推动行动；创建与观众难忘的交流，并取得成效。

（修改自 Zach Gemignani，2021）

参考文献

DS

[1] AAKER D, AAKER J L． What are your signature stories[J]． California Management Review, 2016, 58(3): 49-65．

[2] AAS K, JULLUM M, LØLAND A． Explaining individual predictions when features are dependent : More accurate approximations to Shapley values[J]． Artificial Intelligence, 2021, 298: 103502．

[3] ANYA B． Fully Automatic Journalism : We Need to Talk About Nonfake News Generation [C]//TTO. 2019．

[4] AKASH K． TED Talks Storytelling : 23 Storytelling Techniques from the Best TED Talks[M]． AkashKaria, 2014．

[5] ALEX M． Storytelling Shapes the Future [EB/OL][2022-01-5]．

[6] ANWAR B． KISS Principle[OL](2012-06-01)．

[7] Aristoteles． Poetik[M]． Oldenbourg Verlag, 2010．

[8] AYUSH A． Difference between Short Stories and Novels[OL][2022-1-22]．

[9] AZODI C B, TANG J, SHIU S H． Opening the black box: interpretable machine learning for geneticists[J] ． Trends in genetics, 2020, 36(6): 442-455．

[10] Babynamewizard． Baby Names Popularity – NameVoyager : Baby Name Wizard Graph of Most Popular Baby Names[EB/OL][2022-3-3]．

[11] BARTHES R． Introduction à l'analyse structurale des récits[J]． Communications, 1966, 8(1): 1-27．

[12] BEEMGEE． From Your Idea to Your Story[OL][2022-01-20]．

[13] BELLE V, PAPANTONIS I． Principles and practice of explainable machine learning[J]． Frontiers in big Data, 2021: 39．

[14] BOOKER C． The seven basic plots : Why we tell stories[M]． A&C Black, 2004．

[15] BookFox. 9 Story Structures to Plot your Next Novel[OL][2022-1-20].

[16] BOYD B. On the origin of stories : Evolution, cognition, and fiction[M]. Harvard University Press, 2010.

[17] BRENT D. Data Storytelling : The Essential Data Science Skill Everyone Needs [EB/OL].

(2016-3-31)[2022-01-22] .

[18] BROOKS A. Clothing poverty : The hidden world of fast fashion and second-hand clothes [M]. Zed Books Ltd., 2019.

[19] BUTLER D. When Google got flu wrong[J]. Nature, 2013, 494(7436): 155.

[20] Carnegie Mellon University. How to Guide for Alice 3[OL][2022-1-6].

[21] CONNOR, S. I believe that the world[J]. Cultural Ways of Worldmaking. 2010. 27-46.

[22] CRON L. Wired for story: The writer's guide to using brain science to hook readers from the very first sentence[M]. Ten Speed Press, 2012.

[23] DEDEHAYIR O, STEINERT M. The hype cycle model: A review and future directions [J]. Technological Forecasting and Social Change, 2016, 108: 28-41.

[24] DENIS R. Hands-On Explainable AI (XAI) with Python[M]. UK: Packt Publishing Ltd, 2020.

[25] DHURANDHAR A, CHEN P Y, LUSS R, et al. Explanations based on the missing: Towards contrastive explanations with pertinent negatives[J]. Advances in neural information processing systems, 2018, 31.

[26] DOLAN G, NAIDU Y. Hooked : How leaders connect, engage and inspire with storytelling [M]. John Wiley & Sons, 2013.

[27] DOLAN G. Stories for work : The essential guide to business storytelling[M]. John Wiley & Sons, 2017.

[28] DUARTE N. Data story : explain data and inspire action through story[M]. Ideapress Publishing, 2019.

[29] DUNKLEBERGER A. Write a Mystery in 5 Simple Steps[M]. Enslow Publishing, LLC, 2013.

[30] FEIGENBAUM A, ALAMALHODAEI A. The Data Storytelling Workbook[M]. Routledge, 2020.

[31] GALLO C. The art of persuasion hasn't changed in 2000 years[J]. Harvard Business Review, 2019.

[32] GARREAU D, LUXBURG U. Explaining the explainer: A first theoretical analysis of LIME [C]// International Conference on Artificial Intelligence and Statistics. PMLR, 2020:

1287-1296.

[33] GINSBERG J, MOHEBBI M H, PATEL R S, et al. Detecting influenza epidemics using search engine query data[J]. Nature, 2009, 457(7232): 1012-1014.

[34] GOODE K, HOFMANN H. Visual diagnostics of an explainer model : Tools for the assessment of LIME explanations[J]. Statistical Analysis and Data Mining : The ASA Data Science Journal, 2021, 14(2):185-200.

[35] GRAY J. technical Perspective the Polaris tableau system[J]. Communications of the ACM, 2008, 51(11): 74-74.

[36] GUNNING D, AHA D. DARPA's explainable artificial intelligence (XAI) program[J]. AI Magazine, 2019, 40(2): 44-58.

[37] GUNNING D, STEFIK M, CHOI J, et al. XAI—Explainable artificial intelligence[J]. Science Robotics, 2019, 4(37) .

[38] HANRAHAN P. VizQL : a language for query, analysis and visualization [C]// Proceedings of the 2006 ACM SIGMOD international conference on Management of data. 2006: 721-721.

[39] HEATH C, HEATH D. Made to stick : Why some ideas survive and others die[M]. Random House, 2007.

[40] JACKLYN P. The Rise of the Robot Reporter[OL](2019-02-05).

[41] JD SCHRAMM. A Refresher on Storytelling 101[J]. Harvard Business Review, 2014:10.

[42] KATE T M. How to tell a great story, visualized[OL](2013-11-08).

[43] KATELYN T-F. The Journey of Jeans[OL][2022-01-20].

[44] KEN H. Hypothesis Testing : Type 1 and Type 2 Errors[OL](2021-1-10).

[45] KNAFLIC C N. Storytelling with data: A data visualization guide for business professionals [M]. John Wiley & Sons, 2015.

[46] KNAFLIC C N. Storytelling with Data: Let's Practice![M]. John Wiley & Sons, 2019.

[47] KNAFLIC C N. Summarizing and Visualizing Data[J]. Research Methods for Public Health, 2020: 229.

[48] KOEDINGER K R, NATHAN M J. The real story behind story problems: Effects of representa-tions on quantitative reasoning[J]. The journal of the learning sciences, 2004, 13(2): 129-164.

[49] KRZYWINSKI M, CAIRO A. Points of view: storytelling[J]. Nature Methods, 2013, 10(8): 687.

[50] KURT Vonnegut. Graphs the Plot of Every Story[OL](2015-02-09).

[51] L BOUNEGRU, L CHAMBERS, J GRAY. The data journalism handbook[M]. O'reilly,

2012.

[52] LAZER D, KENNEDY R, KING G, et al. The Parable of Google Flu : Traps in Big Data Analysis[J]. Science, 2014, 343(6176): 1203-1205.

[53] LINDY R. Visual Data Storytelling with Tableau : Story Points, Telling Compelling Data Narratives[M]. Addison-Wesley Professional, 2018.

[54] LUNA R E. The art of scientific storytelling : framing stories to get where you want to go [J]. Nature Reviews Molecular Cell Biology, 2020, 21(11): 653-654.

[55] LUNDBERG S M, LEE S I. A unified approach to interpreting model predictions [C]// Proceedings of the 31st international conference on neural information processing systems. 2017: 4768-4777.

[56] LUNDBERG S M, ERION G, CHEN H, et al. From local explanations to global understanding with explainable AI for trees[J]. Nature machine intelligence, 2020, 2(1): 56-67.

[57] LUNDBERG S M, NAIR B, VAVILALA M S, et al.. Explainable machine-learning predictions for the prevention of hypoxaemia during surgery[J]. Nature biomedical engineering, 2018, 2(10): 749-760.

[58] MADHAVAN J, BALAKRISHNAN S, BRISBIN K, et al. Big Data Storytelling through Interactive Maps[J]. Data Engineering, 2012: 46.

[59] MADHAVAN J, BALAKRISHNAN S, HURLEY K, et al. Big data storytelling through interactive maps[J]. 2012.

[60] MARIANA WA. Gestalt principles: How to apply them to a mobile app design[OL](2021-06-07).

[61] MARTINEZ-MALDONADO R, ECHEVERRIA V, FERNANDEZ N G, et al. From data to insights: A layered storytelling approach for multimodal learning analytics [C]// Proceedings of the 2020 chi conference on human factors in computing systems. 2020: 1-15.

[62] MasterClass. What Is Story Structure[OL][2022-1-7].

[63] MATT P. The History of Storytelling in 10 Minutes[OL](2018-10-25)[2022-2-10].

[64] MCDOWELL A. Storytelling shapes the future[J]. Journal of Futures Studies, 2019, 23(3): 105-112.

[65] MCNULTY K. Beware of 'Storytelling' in Data and Analytics[EB/OL][2022-3-13].

[66] MINT P. Are Earthquakes Becoming More Frequent[OL][2022-01-12] .

[67] MOLNAR C. Interpretable machine learning[M]. Lulu. com, 2020.

[68] MOLNAR C. Interpretable Machine Learning : A Guide for Making Black Box Models Explainable[M]. Victoria: Lean Publishing, 2019.

[69] Mrocallaghan_edu. Teaching that STICKS – Planning a 'sticky' lesson[OL][2022-01-20].

[70] MURDOCH W J, SINGH C, KUMBIER K, et al. Definitions, methods, and applications in interpretable machine learning[J]. Proceedings of the National Academy of Sciences, 2019, 116(44): 22071-22080.

[71] NEUMANN T, MÜHLBAUER T, KEMPER A. Fast serializable multi-version concurrency control for main-memory database systems [C]// Proceedings of the 2015 ACM SIGMOD Interna-tional Conference on Management of Data. 2015: 677-689.

[72] NEUMANN T. Efficiently compiling efficient query plans for modern hardware [J]. Proceedings of the VLDB Endowment, 2011, 4(9): 539-550.

[73] NH RICHE, C HURTER, N DIAKOPOULOS, S CARPENDALE. Data-driven storytelling[M]. CRC Press, 2018.

[74] Nugit. What is Data Storytelling?[EB/OL][2022-3-10].

[75] OJO A, HERAVI B. Patterns in award winning data storytelling : Story types, enabling tools and competences[J]. Digital journalism, 2018, 6(6): 693-718.

[76] RADFORD A, WU J, CHILD R, et al. Language models are unsupervised multitask learners [J]. OpenAI blog, 2019, 1(8): 9.

[77] RIBEIRO M T, SINGH S, GUESTRIN C. " Why should i trust you?" Explaining the predictions of any classifier [C]// Proceedings of the 22nd ACM SIGKDD international conference on knowledge discovery and data mining. 2016: 1135-1144.

[78] RIBEIRO M T, SINGH S, GUESTRIN C. Anchors: High-precision model-agnostic explanations [C]// Proceedings of the AAAI conference on artificial intelligence. 2018, 32(1).

[79] ROBERT M. Story Substance, Structure, Style and The Principles of Screenwriting [M]. ReganBooks, 1997.

[80] RYAN L. Visual Data Storytelling with Tableau : Story Points, Telling Compelling Data Narratives[M]. Addison-Wesley Professional, 2018.

[81] SCHILLER S. Storytelling with Tableau : A Hands-on Workshop[OL][2022-1-22].

[82] SEGEL E, HEER J. Narrative visualization: Telling stories with data[J]. IEEE transactions on visualization and computer graphics, 2010, 16(6): 1139-1148.

[83] SLEEPER R. Practical tableau: 100 tips, tutorials, and strategies from a Tableau zen master [M]. O'Reilly Media, Inc., 2018.

[84] SNYDER B. Save the cat[M]. California: Michael Wiese Productions, 2005.

[85] STEVEN Johnson. The Ghost Map[M]. New York:Penguin Group Inc., 2006.

[86] STIGLIC G, KOCBEK P, FIJACKO N, et al.. Interpretability of machine learning-based

prediction models in healthcare[J]. Wiley Interdisciplinary Reviews: Data Mining and Knowledge Discovery, 2020, 10(5): e1379.

[87] STIKELEATHER J. How to Tell a Story with Data[EB/OL][2022-3-1].

[88] STREUN G L, STEUER A E, EBERT L C, et al. Interpretable machine learning model to detect chemically adulterated urine samples analyzed by high resolution mass spectrometry [J]. Clinical Chemistry and Laboratory Medicine, 2021 , 59(8): 1392-1399.

[89] SWANSON A. Kurt Vonnegut graphed the world's most popular stories[J]. The Washington Post, 2015, 9.

[90] Tableau Software, Inc.可视化分析最佳做法[OL](2021-04-01).

[91] Tableau. Best Practices for Telling Great Stories[OL](2019-03-01).

[92] TDWI. TDWI Accelerate Seattle October 16-18[EB/OL][2022-3-10].

[93] ted-world-building-and-storytelling. TED 项目 | 世界构建与故事叙述 World Building and Storytelling[EB/OL]. [2022-01-5].

[94] The Future of StoryTelling (FoST). Alex McDowell — World Building[OL][2022-01-20].

[95] the MasterClass staff. 4 Types of Narrative Writing[OL][2022-01-20].

[96] THOMAS L. Will AI Save Journalism — or Kill It?[OL](2019-04-09).

[97] THOMAS N. HyPer on Cloud 9[OL](2016-02-10).

[98] VEEL K. Make data sing: The automation of storytelling[J]. Big data & society, 2018, 5(1): 2053951718756686.

[99] VERMA S, DICKERSON J, HINES K. Counterfactual explanations for machine learning: A review[J]. arXiv preprint arXiv:2010.10596, 2020.

[100] VORA S. The Power of Data Storytelling[M]. SAGE Publications India, 2019.

[101] WACHTER S, MITTELSTADT B, RUSSELL C. Counterfactual Explanations without Opening the Black Box: Automated Decisions and the GDPR[J]. Social Science Electronic Publishing, 2017 , 31: 841.

[102] Washington University in St. Louis. Looking Glass[OL][2022-1-6] .

[103] WEBER W, ENGEBRETSEN M, KENNEDY H. Data stories: Rethinking journalistic storytelling in the context of data journalism[J]. Studies in Communication Sciences, 2018(1): 191-206.

[104] Wikipedia. WorldBuilding[EB/OL][2022-01-5].

[105] ZACH G. 11 Best Data Storytelling Courses 2022[OL](2021-05-03).

[106] ZACH G. 14 Best Data Storytelling Tools 2022[OL](2021-05-06).

[107] ZAIDI L. Building brave new worlds: Science fiction and transition design[D]. OCAD University: 2017.

[108] 蔡曙山. 认知科学导论[M]. 北京：人民出版社，2021.

[109] 朝乐门，邢春晓，张勇. 数据科学研究的现状与趋势[J]. 计算机科学，2018, 45(1): 1-13.

[110] 朝乐门，张晨. 数据故事化：从数据感知到数据认知[J]. 中国图书馆学报，2019, 45(05):61-78.

[111] 朝乐门. 数据故事的自动生成与工程化研发[J]. 情报资料工作，2021, 42(2): 53-62.

[112] 朝乐门. 数据科学[M]. 清华大学出版社，2016.

[113] 朝乐门. 数据科学导论——基于 Python 语言[M]. 人民邮电出版社，2021.

[114] 朝乐门. 数据科学理论与实践（第二版）[M]. 清华大学出版社，2019.

[115] 纳尔逊·古德曼. 构造世界的多种方式[M]. 上海译文出版社，2008.

[116] 尚必武. 文学世界建构的叙事方式与伦理价值传播[J]. 华中师范大学学报（人文社会科学版），2020, 59(06):95-102.

[117] 史忠植. 认知基础[M]. 北京：机械工业出版社，2022.

[118] 孙智中，朝乐门，王锐. 数据故事化的评价与改进[J]. 情报资料工作，2021, 42(2): 81-89.

[119] 易旎，朝乐门，张晨. 可视故事化：特征、方法与应用[J]. 情报资料工作，2021, 42(2): 63-72.

[120] 张晨，朝乐门，孙智中. 数据故事叙述的关键技术研究[J]. 情报资料工作，2021, 42(2): 73-80.

反侵权盗版声明

电子工业出版社依法对本作品享有专有出版权。任何未经权利人书面许可，复制、销售或通过信息网络传播本作品的行为；歪曲、篡改、剽窃本作品的行为，均违反《中华人民共和国著作权法》，其行为人应承担相应的民事责任和行政责任，构成犯罪的，将被依法追究刑事责任。

为了维护市场秩序，保护权利人的合法权益，我社将依法查处和打击侵权盗版的单位和个人。欢迎社会各界人士积极举报侵权盗版行为，本社将奖励举报有功人员，并保证举报人的信息不被泄露。

举报电话：（010）88254396；（010）88258888

传　　真：（010）88254397

E-mail：　dbqq@phei.com.cn

通信地址：北京市万寿路 173 信箱
　　　　　电子工业出版社总编办公室

邮　　编：100036